高职高专机电类
工学结合模式教材

C51单片机项目式教程

徐海峰　叶　钢　编著

清华大学出版社
北京

内 容 简 介

本书从实际项目应用入手,以项目制作流程和项目实现思路为主导,由浅入深、循序渐进地讲述使用 C 语言为 51 单片机编程。其内容包括:C51 语言及语法、MCS-51 单片机硬件结构、设计制作流水灯、设计制作时钟、设计制作红外报警器、设计制作单片机点阵、设计制作数字电压表、设计制作信号发生器、设计制作串行通信小系统。前两个部分是基础知识准备,后 7 个项目涵盖了单片机在实际应用中可能涉及的多方面知识与技能。

全书以完成工作任务为主线,链接相应的理论知识,融"教、学、做"为一体,充分体现课程改革的新理念。本书适合边教、边学、边做的教学方法,相信理解并熟练掌握这些项目的制作,读者就已经初步进入单片机开发的应用大门了。

本书可作为高职高专院校机械、电子类专业的教材,也可供广大从事单片机编程开发的人员参考。

本书封面贴有清华大学出版社防伪标签,无标签者不得销售。
版权所有,侵权必究。举报:010-62782989,beiqinquan@tup.tsinghua.edu.cn。

图书在版编目(CIP)数据

C51 单片机项目式教程/徐海峰编著. —北京:清华大学出版社,2011.4(2023.7重印)
(高职高专机电类工学结合模式教材)
ISBN 978-7-302-24981-8

Ⅰ. ①C…　Ⅱ. ①徐…　Ⅲ. ①单片微型计算机－高等职业教育－教材　Ⅳ. ①TP368.1

中国版本图书馆 CIP 数据核字(2011)第 040318 号

责任编辑:朱怀永
责任校对:李　梅
责任印制:朱雨萌

出版发行:清华大学出版社
　　网　　址:http://www.tup.com.cn,http://www.wqbook.com
　　地　　址:北京清华大学学研大厦 A 座　　邮　编:100084
　　社 总 机:010-83470000　　邮　购:010-62786544
　　投稿与读者服务:010-62776969,c-service@tup.tsinghua.edu.cn
　　质 量 反 馈:010-62772015,zhiliang@tup.tsinghua.edu.cn
印 装 者:三河市君旺印务有限公司
经　　销:全国新华书店
开　　本:185mm×260mm　　印　张:13.5　　字　数:307 千字
版　　次:2011 年 4 月第 1 版　　印　次:2023 年 7 月第 14 次印刷
定　　价:39.00 元

产品编号:034925-03

前言 FOREWORD

单片机技术是计算机技术的一个重要分支，它的应用领域非常广泛，是众多高职院校机械、电子等专业一门重要必修的专业课；同时，不可否认的是目前这门课程的教学效果不太好也是"公认"的事实。依据本书编著者们自身的学习经验，我们认为学习单片机技术应是模仿—理解—活用的过程，模仿阶段是"玩"的阶段，通过这个阶段的学习，让学习者能喜欢"单片机应用"这门课程，在这个阶段需要提供详细的资料如电路图、操作步骤、程序等，让初学者即使不懂也能依葫芦画瓢地把结果做出来；理解阶段就是真正学习的阶段，对某一个项目理解了也就入门了，当你试着多理解一些不同类型的单片机项目后就会发现自己学习单片机真的入门了，当达到这个阶段后，学习单片机技术已经不再有不可克服的困难了；活用阶段是一个没有界限的阶段，也就是活到老学到老，这其中有自己的创新，更多的是学习他人的思维与方法。而当前我们的单片机教学更多的是先要求大家理解，理解原理，理解实现思路等，再实践、编程等。试想连基本概念都还没有，对单片机也没多大兴趣，能把单片机课程学好吗？所以，现在单片机教学效果不尽如人意也就不奇怪了。

因此，本书的编著者就想以自身的学习过程为主线，仿照我们认知单片机的规律编写教材，以求能让更多的学习者对单片机课程感兴趣，让单片机教学效果好起来。现在被广泛使用的单片机教材所使用的编程语言大都使用汇编语言，而在本书编写过程中选择了 C 语言，这是因为我们认为汇编语言学习困难，在实际应用系统开发调试中，特别是开发比较复杂的应用系统时，在开发效率和程序移植性方面，C 语言更能体现其优势；况且 C 语言不仅学习方便，而且也同汇编语言一样能够对单片机资源进行访问。本书的编写思路如下。

1. 完全按照项目式编写教材，知识融于项目中

完全采用项目式实践方式编写，知识与知识应用及实践技能融合在一起，使用本书学习需要学习者边学边做，亲自动手完成焊接制作电路硬件。在一个项目中，分解项目上体现出模块化、小型化，每步制作都不复杂，用较小的模块组合完成较复杂的功能；在项目的安排上，体现出模块的可复用性，不同项目中可能需要用到的同一模块可替换使用。

体现知识融于项目中：在讲解硬件电路时，介绍硬件电路的工作原理，用到相关电子芯片时就介绍该芯片的功能及使用方法；在讲解程序时，介绍程序的设计思想、程序语句的运行规则，用到单片机内部相关资源时,讲解单片机知识。

我们认为:技能是学生自己练会的,不是教会的。

因此,在书中强调学生必须亲自动手制作电路板,必须是边学边做,动手完成。在教师指导下,领学生进门后,更多的内容须由学生自己完成。

2. 硬件电路、软件设计思路并重,加强学生创新能力的培养

单片机的应用系统包括硬件设计和软件设计,硬件设计是软件设计的平台,所有的软件设计是基于此平台开展的,传统的单片机教学注重软件方面的教学,在硬件设计方面也只是在现成的硬件电路上做些验证性实验,如单片机实验箱、实验平台。我们认为利用实验箱、实验平台教学是不利于学生学习的,因为这种教学法使学生对硬件电路不能深入理解,甚至不理解,在这样的基础上学习程序编写会造成学生不知其所以然。因此,在本书编写过程中我们注重硬件电路的理解,不用开发板,不用实验箱,在教材的指导下所有硬件电路全由学生自己焊接制作,既是加强电路的理解也能锻炼学生的动手制作能力。

3. 增加理论知识到实践操作的过渡

理论知识到实践知识总是有一段跳跃过程,从电路原理图到实践的硬件连接图的转变其实是需要额外指导的,但是它不属于"传统"意义上的知识。在现有的图书上都很难找到这方面的描述,因此学习者总是有种感觉:从逻辑上是理解教材所要表达的意思,但是自己去实践却又发现好像隔一层"膜"总是不成功,久而久之容易打击学习者学习的积极性,最终不喜欢实践,进而导致无法把单片机课程学好。因此,在本书中我们也注意了这方面的辅导,尽量详细地说明操作过程,运用较多的图表说明操作。

本书由丽水职业技术学院的徐海峰、叶钢、樊登焕和重庆电子工程职业学院易国键共同编写。项目准备、项目一、项目二、项目七由徐海峰编写,项目三和项目四由叶钢编写,项目六由易国键编写,项目五由樊登焕编写,最后由徐海峰统稿完成。

本书的编写工作得到了丽水职业技术学院李立教授的关心与鼓励,另外许智靖、吴奕怀同学参与了本书的图形绘制、电路焊接、程序编写等工作,在此一并表示感谢。

虽然我们已尽心尽力,但限于自身水平所限书中难免存在遗漏之处,希望广大读者不吝指正。

作 者

2010 年 3 月

项目准备篇

项目准备　8051单片机软、硬件基础 ················· 3
　一、C51语言及语法 ·· 3
　二、MCS-51单片机硬件结构 ································ 17
　知识训练 ··· 30

项目训练篇

项目一　流水灯的设计与制作 ································ 33
　任务一　明确流水灯设计要求 ································ 33
　任务二　利用软件定时实现流水灯 ···························· 34
　　一、选择元器件 ·· 34
　　二、设计硬件电路 ······································ 34
　　三、设计程序 ·· 35
　　四、仿真项目 ·· 40
　　五、制作电路板 ·· 42
　　六、I/O端口知识及程序解析 ···························· 43
　任务三　利用硬件定时实现流水灯 ···························· 46
　任务四　拓展训练 ··· 51
　　一、增加显示花式 ······································ 51
　　二、改变闪烁频率 ······································ 52
　知识训练 ··· 52

项目二　时钟的设计与制作 ································· 53
　任务一　明确时钟设计要求 ································· 53
　任务二　设计制作简易时钟 ································· 54
　　一、选择元器件 ·· 54
　　二、设计硬件电路 ······································ 54
　　三、设计程序 ·· 55

四、仿真项目 ……………………………………………………………………… 59
　　五、制作电路板 …………………………………………………………………… 61
　　六、LED 数码管显示知识及程序解析 …………………………………………… 61
任务三　设计制作闹钟 …………………………………………………………………… 68
　　一、选择元器件 …………………………………………………………………… 68
　　二、设计硬件电路 ………………………………………………………………… 68
　　三、设计程序 ……………………………………………………………………… 68
　　四、仿真项目 ……………………………………………………………………… 76
　　五、制作电路板 …………………………………………………………………… 78
　　六、程序解析及键盘接口知识 …………………………………………………… 78
任务四　扩展训练 ………………………………………………………………………… 85
知识训练 …………………………………………………………………………………… 85

项目三　设计制作红外报警器 ……………………………………………………… 86

任务一　明确红外报警器设计要求 ……………………………………………………… 86
任务二　设计制作简易报警器 …………………………………………………………… 87
　　一、选择元器件 …………………………………………………………………… 87
　　二、设计硬件电路 ………………………………………………………………… 88
　　三、设计程序 ……………………………………………………………………… 88
　　四、仿真项目 ……………………………………………………………………… 90
　　五、制作电路板 …………………………………………………………………… 91
　　六、单片机中断知识及程序解析 ………………………………………………… 92
任务三　设计制作计数报警器 …………………………………………………………… 96
　　一、选择元器件 …………………………………………………………………… 96
　　二、设计硬件电路 ………………………………………………………………… 97
　　三、设计程序 ……………………………………………………………………… 97
　　四、仿真项目 ……………………………………………………………………… 102
　　五、制作电路板 …………………………………………………………………… 104
　　六、独立按键知识及程序解析 …………………………………………………… 104
任务四　拓展训练 ………………………………………………………………………… 107
　　一、使用下降沿触发方式修改简易报警器 ……………………………………… 107
　　二、采用定时器中断实现每隔 10 秒报警一次功能 …………………………… 107
　　三、倒计时中断报警 ……………………………………………………………… 108
　　四、可调倒计时中断报警 ………………………………………………………… 108
知识训练 …………………………………………………………………………………… 108

项目四 汉字点阵的设计与制作 109

任务一 明确 8×8 点阵的设计要求 109
任务二 设计制作 8×8 点阵 110
一、选择元器件 110
二、设计硬件电路 110
三、设计程序 112
四、项目仿真 114
五、制作电路板 115
六、C51 数组知识及应用 116
任务三 设计制作 16×16 点阵 118
一、选择元器件 119
二、设计硬件电路 119
三、设计程序 120
四、项目仿真 124
五、制作电路板 124
六、74HC154 芯片、74HC595 芯片知识及应用 126
任务四 拓展训练 128
一、8×8 点阵扩展训练 129
二、16×16 点阵扩展训练 129
知识训练 129

项目五 设计制作数字电压表 130

任务一 明确数字电压表设计要求 130
任务二 设计制作基于 ADC0809 数字电压表 131
一、选择元器件 131
二、设计硬件电路 131
三、设计程序 132
四、项目仿真 136
五、制作电路板 136
六、ADC0809 芯片知识与使用方法 138
任务三 设计制作基于 TLC2543 的数字电压表 140
一、选择元器件 141
二、设计硬件电路 141
三、设计程序 142
四、项目仿真 145
五、制作电路板 145
六、TLC2543 芯片知识与使用方法 147

任务四　拓展训练 ………………………………………………………………… 149
　　　　一、基于 ADC0809 的数字电压表扩展训练 ………………………………… 149
　　　　二、基于 TLC2543 的数字电压表扩展训练 ………………………………… 149
　　知识训练 ……………………………………………………………………………… 149

项目六　设计制作信号发生器 ………………………………………………… 151

　　任务一　明确信号发生器设计要求 ……………………………………………… 151
　　任务二　设计制作基于 DAC0832 的正弦波信号发生器 ……………………… 152
　　　　一、选择元器件 ……………………………………………………………… 152
　　　　二、设计硬件电路 …………………………………………………………… 153
　　　　三、设计程序 ………………………………………………………………… 153
　　　　四、项目仿真 ………………………………………………………………… 156
　　　　五、制作电路板 ……………………………………………………………… 158
　　　　六、DAC0832 芯片知识与使用方法 ……………………………………… 158
　　任务三　设计制作基于 TLC5615 的正弦信号发生器 ………………………… 161
　　　　一、选择元器件 ……………………………………………………………… 162
　　　　二、设计硬件电路 …………………………………………………………… 162
　　　　三、设计程序 ………………………………………………………………… 162
　　　　四、项目仿真 ………………………………………………………………… 166
　　　　五、制作电路板 ……………………………………………………………… 166
　　　　六、TLC5615 芯片知识与使用方法 ……………………………………… 169
　　任务四　拓展训练 ………………………………………………………………… 172
　　　　一、基于 DAC0832 的三角波发生器扩展训练 …………………………… 172
　　　　二、基于 TLC5615 的三角波发生器扩展训练 …………………………… 172
　　知识训练 ……………………………………………………………………………… 172

项目七　设计制作串行通信小系统 ……………………………………………… 174

　　任务一　明确串行通信小系统的设计要求 ……………………………………… 174
　　任务二　制作双单片机串行通信演示系统 ……………………………………… 175
　　　　一、选择元器件 ……………………………………………………………… 175
　　　　二、设计电路 ………………………………………………………………… 176
　　　　三、编写串行通信程序 ……………………………………………………… 179
　　　　四、仿真程序 ………………………………………………………………… 181
　　　　五、制作电路板 ……………………………………………………………… 181
　　　　六、串行通信知识及程序解析 ……………………………………………… 183
　　任务三　制作路灯控制演示系统 ………………………………………………… 188
　　　　一、选择电子元器件 ………………………………………………………… 189
　　　　二、设计硬件电路 …………………………………………………………… 189

三、编写程序 …… 191
四、仿真程序 …… 197
五、制作电路板 …… 199
六、程序解析 …… 199
任务四　拓展训练 …… 206
知识训练 …… 206

项目准备篇

项目准备

8051单片机软、硬件基础

需要掌握的理论知识：
- 了解常用的 C51 数据类型。
- 理解 C51 语言运算符及运算规则。
- 理解顺序控制结构及语法规则。
- 理解选择控制结构及语法规则。
- 理解循环控制结构及语法规则。
- 了解 C51 函数定义格式并能理解函数对编写程序的意义。
- 了解 C51 数组定义格式并能理解数组的意义。
- 了解单片机的发展历史。
- 了解 8051 单片机的基本特征。
- 掌握 8051 单片机的存储器地址分布。
- 掌握 8051 单片机的引脚。
- 了解 8051 单片机的时钟电路。

需要掌握的能力：
- 学会定义变量与常量。
- 能识别 C51 语句。
- 会定义 C51 函数并能正确使用函数。
- 会定义一维数组、二维数组并能正确使用数组。
- 会制作 8051 单片机的最小系统板。

一、C51 语言及语法

（一）掌握 C51 数据类型

随着单片机硬件性能的提高，工作速度越来越快，因此在编写单片机应用系统程序时更着重于程序本身的编写效率，作为具有优越性的高级语言，C51 已成为目前流行的开发单片机的软件语言。C51 语言源自于普通 C 语言，因此与 C 语言有着完全相同的语法规则，数据类型也大部分相同，我们首先了解一下 C51 的数据类型。

C51 语言中比较常用的数据类型有表 0-1 所列几种。

表 0-1 C51 常用的数据类型

数据类型	字节数	值 域	备 注
char	1	$-128\sim127$	字符型
unsigned char	1	$0\sim255$	无符号字符型
int	2	$-32768\sim32767$	整型
unsigned int	2	$0\sim65535$	无符号整型
long	4	$-2147483648\sim2147483647$	长整型
unsingned long	4	$0\sim4294967295$	无符号长整型
float	4	$0.175494E-38\sim0.402823E+38$	浮点型
sbit	1/8	$0\sim1$	声明一个可位寻址变量
sfr	1	$0\sim255$	声明一个特殊功能寄存器（8 位）

在 C51 程序编写过程中，数据类型更多的是与变量使用时相关联起来的，在定义变量时首先要确定该变量是哪种数据类型，因此，下面介绍 C51 中变量的定义方法。

1. 学会定义变量与常量

编写程序过程中，几乎离不开使用变量，就像人离不开空气、鱼离不开水一样，那么如何定义变量呢？C51 语言中定义变量的格式是：

数据类型说明符　变量名[,变量名];

例如：

int　a,b,c;　　(a,b,c 为整型变量)
unsigned int a,b,c;　　(a,b,c 为正整型变量)
char x,y;　　(x,y 为字符型变量)
unsigned char x,y;　　(x,y 为无符号字符型变量)

在定义变量时，应注意以下几点。

① 允许在一个数据类型说明符后，定义多个相同类型的变量，各变量之间用逗号隔开。类型说明符与变量名之间至少用一个空格间隔。

② 最后一个变量名之后必须以"；"结束。

③ 定义变量必须放在变量使用之前。一般放在函数体的开头部分。

④ 变量取名应遵守以下几点规则：

• 名字必须由一个字母(a～z,A～Z)或下划线"_"开头；

• 名字的其余部分可以用字母、下划线或数字(0～9)组成；

• 大小写字母表示不同意义，即代表不同的名字。

什么是常量呢？常量就是固定的或是不变的数。在 C51 语言中，常量有两种表示方法使用得很广泛。

十进制数表示法：以非 0 开始的数，如 256,46,78 等。

十六进制数表示法：以 0x 或 0X 开头的数，如 0x0E,0X78 等。通常在 C51 中二进制数都需要转变成十六制数。

2. 知道变量的作用范围

变量的作用是有范围的，并不是定义了变量以后，就可以在程序中的任何位置使用它。例如：

```
int a;
void f1()
{
    int b;
    b = a;          //用法正确
}
void f2()
{
    a = 10;         //用法正确
    b = 10;         //用法错误
}
```

在上面的代码中，变量 a、b 都有自己的作用域，a 的作用域是全局的，在 a 的定义之后的任何地方都可以使用它，我们称为全局变量，全局变量是在函数外部定义的变量，它不属于哪一个函数，而是属于一个源程序文件，其作用域是整个源程序。局部变量是在函数内作定义说明的，其作用域仅限于函数内，离开该函数后再使用这种变量是非法的。比如 b 的作用域是局部的，称为局部变量。只在函数 f1 之内有效，所以，当在函数 f2 中给变量 b 赋值就是错误的。通常我们可以这样以为，变量的作用域是以{}为界限的，例如：

```
void f3()
{
    int c;
    c = 10;         //用法正确
    {
        int d;
        d = c;      //用法正确
    }
    d = 1;          //用法错误
}
```

变量 c 是在函数 f3 里定义的，所以它在函数 f3 的整个范围内都是有效的，而变量 d 是在函数 f3 中的一对{}中定义的，它的定义域也就只能在这对{}中，若在{}之后再使用变量 d 就是非法的了。

（二）C51 语言运算符

运算符主要分为三大类：算术运算符、关系运算符与逻辑运算符、按位运算符。除此之外，还有一些用于完成特殊任务的运算符。

1. 算术运算符

C51 的算术运算符如表 0-2 所示。

表 0-2　算术运算符

运算符	作用	运算符	作用
＋	加	％	求余数
－	减	－－	减1
＊	乘	＋＋	加1
／	除		

算术运算符中前 5 个作用显而易见,"－－"、"＋＋"两个运算符介绍如下。

例如:

x＝x＋1　可写成 x＋＋,表示 x 值在原来基础上加 1。

x＝x－1　可写成 x－－,表示 x 值在原来基础上减 1。

2．关系运算符

关系运算符是比较两个操作数大小的符号,关系运算符如表 0-3 所示。

表 0-3　关系运算符

运算符	作用	运算符	作用
＞	大于	＜＝	小于等于
＞＝	大于等于	＝＝	等于
＜	小于	!＝	不等于

两个操作数经关系运算符运算后,其结果是成立(也称真)、不成立(也称假)二值之一,如果成立则返回 1,如果不成立则返回 0。

例如:

100＞99　　　计算结果为 1

10＞(2＋10)　　计算结果为 0

3．逻辑运算符

逻辑运算符如表 0-4 所示。

表 0-4　逻辑运算符

运算符	作用	运算符	作用
&&	逻辑与	!	逻辑非
‖	逻辑或		

逻辑运算举例如下。

a&&b　若 a,b 为真,则 a&&b 为真;若 a,b 其中一个为真,则 a&&b 为假;若 a,b 都为假,则 a&&b 为假。

a‖b　若 a,b 之一为真,则 a‖b 为真;若 a,b 都为真,则 a‖b 的值也为真;若 a,b 都为假,则 a‖b 为假。

!a　若 a 为真,则 !a 为假;若 a 为假,则 !a 为真。

4．按位运算符

按位运算是指进行二进制位的运算,C51 提供的按位运算功能是非常有用的,在编程中也经常会用到。按位运算符见表0-5。

表0-5 按位运算符

运算符	作用	运算符	作用
&	按位逻辑与	~	按位逻辑反
|	按位逻辑或	>>	右移
^	按位逻辑异或	<<	左移

请大家注意按位逻辑与"&"和逻辑与"&&"的区别,按位逻辑或"|"和逻辑或"||"的区别。表面上看好像仅仅一个符号多一个,一个符号少一个,其实运算方式完全不一样。

运算符"&"要求有两个运算量。例如,x&y 表示将 x 和 y 中各个位都分别对应进行"与"运算,即两个相应位均为1时结果位为1,否则为0。例如,x=7,y=5,则 x&y 的值为5。

x|y 表示将 x 和 y 中各个位都分别对应进行"或"运算,上例中 x|y 的值为7。

x^y 表示将 x 和 y 中各个位都分别对应进行"异或"运算,上例中 x^y 的值为2。

运算符"~"只要求一个运算量,~y 表示 y 中各个位都分别进行取反运算,上例中~y 的值为248。

x>>2 表示 x 中各个位都向右移动2位,左边空出来的位用0补足(假设 x 值是正值,因为在 C51 程序编写中一般没有负数参与运算),右边移出去的位自动丢失,上例中 x>>2 的值是1。

y<<1 表示 y 中各位都向左移1位,右边多出的空位用0补足,左边移出的位自动丢失,上例中 y<<1 的值是28。以上运算结果如图0-1所示。

```
x = 0 0 0 0 0 1 0 1        x = 0 0 0 0 0 1 0 1
& y = 0 0 0 0 0 1 1 1      | y = 0 0 0 0 0 1 1 1
x & y = 0 0 0 0 0 1 0 1    x | y = 0 0 0 0 0 1 1 1
    按位与运算                   按位或运算

x = 0 0 0 0 0 1 0 1
^ y = 0 0 0 0 0 1 1 1          y = 0 0 0 0 0 1 1 1
x ^ y = 0 0 0 0 0 0 1 0    ~ y = 1 1 1 1 1 0 0 0
    按位异或运算                  按位取反运算

x = 0 0 0 0 0 1 1 1        x = 0 0 0 0 0 1 1 1
x>>2 = 0 0 0 0 0 0 0 1     x<<2 = 0 0 0 1 1 1 0 0
    右移位运算                    左移位运算
```

图0-1 按位运算示意图

(三) C51 语句及流程控制

1. C51 语句

语句就是向 CPU 发出的操作指令。一条语句经过编译后生成若干条机器指令,C51 程序由数据定义和执行语句两部分组成。一条完整的语句必须以分号";"结束。

例如:

```
int sum=0;
unsigned int cou=0;
sbit busy=P3^3;
```

以上前两条语句定义了数据变量,同时也赋以了初值,第3条语句定义了一个 busy 位变量对应于单片机 P3 端口第4脚(第1脚是 P3^0)。以上3条语句就是属于数据定义语句。

又例如:

i=i+1;
c=a+b;

以上两条语句就是执行语句,作用就是 i 变量值加 1 后把新值再赋给 i 变量,这时 i 变量的值就是新的值了;同理,后面的语句表示 a 变量值加上 b 变量值的和赋给 c 变量,结果是 c 变量的值即 a、b 两变量值之和。

(1) 复合语句

花括号"{"和"}",把一些语句组合在一起,使它们在语法上等价于一个简单语句,称为复合语句。

例如:

{
　　i=i+1;
　　c=a+b;
}

以上两条语句就被整合相当于一条语句,一起被运行,一起不运行。

(2) 条件语句

条件语句的一般形式为

if(条件表达式)
　　语句 1;
else
　　语句 2;

上述结构表示:如果条件表达式的值为非 0(即真),则执行语句 1,执行完语句 1 后跳到语句 2 后开始继续向下执行;如果表达式的值为 0(即假),则跳过语句 1 而执行语句 2。

例如:

if(3>2)
　　a=5+3;
else
　　a=5+2;

上述语句执行后,a 变量的值是 8,而不是 7。

注意:

① 条件语句中"else 语句 2;"部分是可选择项,可以缺省,此时条件语句变成

if(条件表达式)　　语句 1;

表示若条件表达式的值为非 0 则执行语句 1,否则跳过语句 1 继续执行。

② 如果语句 1 或语句 2 有多于一条语句要执行时,则必须使用"{"和"}"把这些语句包括在其中,此时条件语句形式为

if(条件表达式)
{

```
        语句 1；
        语句 2；
}
else
{
        语句 3；
        语句 4；
}
```

（3）开关与跳转语句

在编写程序时，经常会碰到按不同情况分转的多路问题，对这种情况，通常使用开关语句。开关语句格式为

```
switch(变量)
{
    case 常量 1: 语句 1; break;
    case 常量 2: 语句 2; break;
    case 常量 3: 语句 3; break;
    …
    case 常量 n: 语句 n; break;
    default:    语句 n+1;
}
```

执行 switch 开关语句时，将变量逐个与 case 后的常量进行比较，若与其中一个相等，则执行该常量下的语句；若不与任何一个常量相等则执行 default 后面的语句。

例如：

```
switch(grade)
{
    case 90: a=3+1; break;
    case 80: a=3+2; break;
    case 70: a=3+3; break;
    case 60: a=3+4; break;
    default: a=3+0;
}
```

上述语句执行后，假设

grade 的值是 90，则 a 的值为 4
grade 的值是 80，则 a 的值为 5
grade 的值是 70，则 a 的值为 6
grade 的值是 60，则 a 的值为 7
grade 的值是 50，则 a 的值为 3
grade 的值是 40，则 a 的值为 3

注意：

① switch 中变量可以是数值，也可以是字符。
② 可以省略一些 case 和 default。
③ 每个 case 或 default 后的语句可以是多条语句，且可以不用"{"和"}"括起来。

(4) 跳转语句

break 语句通常用在循环语句和开关语句中,其实,我们在介绍上面的开关语句时已经把跳转语句 break 放进去了,当 break 用于开关语句 switch 中时,可使程序跳出 switch 而执行 switch 以后的语句;如果没有 break 语句,执行开关语句将会带来一个很大的意外错误。

例如:

```
switch(c)
{
    case 1:   语句 1;
    case 2:   语句 2;
    case 3:   语句 3;
    default:  语句 n;
}
```

假设 c 变量的值是 1,按照开关语句语法可知,由于 c 的值是 1,它与第 1 个 case 后的常量 1 相符,因此执行的是语句 1 这条语句,该条语句执行完后,由于没有 break 语句跳转,所以接下来的语句 2、语句 3、语句 n 都会被执行,如此一来,就与我们原来的执行意图不一样了。而假如在语句 1 后有 break 语句,则在执行完语句 1 后,会跳转出 switch 语句。

2. C51 的流程控制结构

所谓的流程控制是指 C51 程序在执行时,这些语句按什么顺序被执行,总体来讲有 3 种控制执行方式。

(1) 顺序控制结构

顺序控制就是指程序按语句的书写顺序执行,写在前边先执行,写在后边的后执行,这是一种最基本、最基础的控制结构,如图 0-2 所示。

(2) 选择控制结构

选择控制结构就相当于使用条件语句,其控制结构如图 0-3 所示。

```
if(条件表达式)
    语句 1;
else
    语句 2;
```

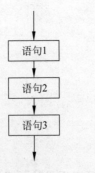

图 0-2　C51 顺序控制结构

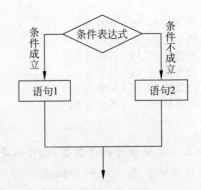

图 0-3　C51 选择控制结构

（3）循环控制结构

C51 提供三种基本的循环语句用于循环控制结构：for 语句、while 语句和 do-while 语句。

for 循环语句的一般形式为

for(初始化表达式；条件表达式；增量表达式)
　　语句；

初始化表达式总是一个赋值语句，它用来给循环控制变量赋初值，条件表达式是一个关系表达式，它决定什么时候退出循环；增量表达式定义循环控制变量每循环一次后按什么方式变化。这三个部分之间用";"分开，其执行逻辑如图 0-4 所示。

例如：

for(i=1;i<=10;i++)
　　语句 1；

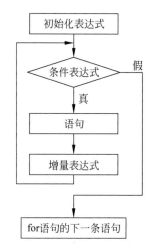

图 0-4　for 循环语句控制结构

上例中先给 i 赋初值 1，判断 i 是否小于等于 10，若是则执行语句 1，之后 i 值增加 1。再重新判断，直到条件为假，即 i>10 时，结束循环。

while 循环语句的一般形式为

while(条件表达式)　语句；

while 循环表示当条件表达式为真时，便执行语句，直到条件表达式为假才结束循环，并继续执行循环程序外的后续语句。"语句"是被循环执行的程序，称为"循环体"，其控制逻辑见图 0-5 所示。

与 for 循环一样，while 循环总是在循环的头部检验条件，这意味着如果条件不成立，则不执行。

注意：语句可以是多条语句，如果是这样，则必须用花括号"{"和"}"把这些语句括起来。

do-while 循环语句的一般格式为

do
语句；
While(条件表达式)；

do-while 循环与 while 循环的不同在于：它先执行循环中的语句，然后再判断条件是否为真，如果为真则继续循环；如果为假，则终止循环。因此，do-while 循环至少要执行一次循环语句，其控制逻辑如图 0-6 所示。

注意：语句也可以是多条语句，如果是多条，也必须用花括号"{"和"}"把这些语句括起来。

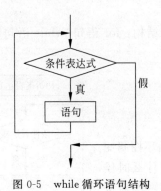
图 0-5　while 循环语句结构

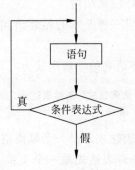
图 0-6　do-while 循环语句结构

（四）C51 函数定义及使用

函数是一个自我包含的完成一定相关功能的执行代码段。我们可以把函数看成一个"黑盒子"，只要将数据送进去就能得到结果，而函数内部究竟是如何工作的，外部程序可以不知道，外部程序只要调用它即可。C51 语言程序鼓励和提倡人们把一个大问题划分成一个个子问题，对应于解决一个子问题编制一个函数，这样的好处是让各部分相互充分独立，并且任务单一。

那么函数如何定义呢？

1. 函数定义

C51 对函数的定义格式如下。

（1）无参函数定义格式

函数类型　函数名()
{
　　函数体；
}

例如：

```
void time_take()
{
    if(time_t>=1000)           //当总延时数为 1s 时
    {
        time_t=0;              //time_t 清零
        sec++;                 //秒加 1
        if(sec==60)            //当秒值等于 60 时
        {
            sec=0;             //秒值清零
            min++;             //分加 1
            if(min==60)        //当分等于 60 时
            {
                min=0;         //分清零
                hour++;        //小时加 1
                if(hour==24)   //当小时等于 24 时
                    hour=0;    //小时清零
```

            }
        }
    }
}

(2) 有参函数定义格式

函数类型　函数名(数据类型　形式参数,数据类型　形式参数,…)
{
**　　函数体；**
}

其中,函数类型和形式参数的数据类型为 C51 的基本数据类型,常用的有：
① 整型(int)；
② 长整型(long)；
③ 字符型(char)；
④ 浮点型(float)；
⑤ 无值型(void),无值型表示函数没有返回值。

注意：函数类型是指该函数返回值的数据类型,如果函数没有返回值,则该数据类型通常选用的是无值型(void)。

例如：

```
/*******************************/
//函数名：delay_1ms(unsigned int x)
//功能：利用定时器 0 精确定时 1ms；
/*******************************/
void delay_1ms(unsigned int x)
{
    TMOD=0X01;              //开定时器 0,工作方式为 1
    TR0=1;                  //启动定时器 0
    while(x--)
    {
        TH0=0Xfc;           //将定时 1ms 初值的高 8 位装入 TH0
        TL0=0X18;           //将定时 1ms 初值的低 8 位装入 TL0
        while(!TF0);        //等待,直到 TF0 为 1
        TF0=0;
        time_t++;           //毫秒统计值自加 1
    }
    TR0=0;                  //停止定时器 0
}
```

以上两个函数例子来源于本书后面项目中的实际函数,现在想完全理解可能有点难度,但是没关系,现在只需理解函数定义的格式,即如何定义函数。

2. 函数的使用

在 C51 程序中使用已经定义的函数方法很简单：直接使用函数名及实参数。先举一个无参函数的例子。

在上文的函数定义中我们举了一个例子函数 time_take(),现在我们想在程序中使用这个函数,那么该如何使用呢?

```
void main()
{
    ...                         //省略这些语句
    while(1)
    {
        ...                     //省略这些语句
        time_take();            //调用时间调整程序
    }
}
```

上述例子示意了函数的使用方式,即在需要使用函数的地方,直接调用函数名字即可。

再举一个有参函数的例子,还是上文函数定义中所举的第 2 个例子函数 delay_1ms(unsigned int x),该函数是一个延时函数,延时时间由参数 x 的值决定,它又是如何使用的呢?

```
void display_char()
{
    P0=0xff;                    //段选口置高,消零
    P2=~0x24;
    P0=~0x02;                   //显示字符"-"
    delay_1ms(5);               //延时 5ms
}
```

在这个例子中,大家注意到最后一行语句 delay_1ms(5),同样也是通过函数名字使用。请大家注意该函数括号里的 5,有参函数在定义时,这些参数都是变量形式出现,称为形式参数;而在实际使用时,这些形式参数必须有一个实际值,比如这里的常数 5,以后大家还会看到它也可以是一个具有确定值的变量。

(五)C51 数组定义及使用

数组是由具有相同类型的数据元素组成的有序集合,引入数组的目的,是使用一块连续的内存空间存储多个类型相同的数据,以解决一批相关数据的存储问题。数组与普通变量一样,也必须先定义,后使用。

1. 定义一维数组

(1) 一维数组的定义方式

数据类型　数组名[常量];

例如:

int a[10];

它表示定义了一个整型数组,数组名为 a,此数组有 10 个元素。

注意:数据类型是指该数组所保存的数据的数据类型,可取的数据类型就是 C51 的数据类型,数组名取名规则与变量取名规则一样。在实际定义中,常量必须是一个具体的

数字,不能是一个值可变的变量,这点尤其要注意。常量大小就是该数组最多可保存数据个数的多少。

在C51程序设计中,经常会在定义数组时便给出数组赋值,这种方法也称为数组初始化。

如:

unsigned char led[10]={0xfc,0x60,0xda,0xf2,0x66,0xb6,0xbe,0xe0,0xfe,0xf6};

上面这条语句定义了一个无符号的char型数组led,同时给出10个数据初值。

(2) 一维数组元素的引用方法

数组元素的引用就是指使用数组里保存的数据,数组元素的表示形式为

数组名[下标]

下标就是指数组中的序号,需要注意的是,C51中数组元素默认序号是从0开始的,如前文定义的数组a[10],它有10个数组元素,即a[0]、a[1]、a[2]、…、a[9]这10个元素。

用通俗的话讲就是:要使用数组里的数据,就要知道该数据是存在于数组的第几个位置。当然,反过来,要把一个数据存入数组中,也要清楚把这个数据存到数组的第几个位置。

比如下面这段程序代码:

int i,a[10];
for(i=0;i<=9;i++)
    a[i]=i;

它实现的功能便是,在a数组中从第1个位置开始存0、第2个位置存1、……、直到第10个位置存入9这10个数据。

2. 定义二维数组

前面我们介绍了一维数组,接下来介绍二维数组。二维数组有自己的独特优点,假如我们需要一张类似于表格的数据,有多行,同一行中有多列数据,那用二维数组将会更好地表示这些数据。

(1) 二维数组定义

其定义的一般形式为

数据类型说明符　数组名[常量1][常量2];

例如:

int a[4][5];

上面语句的功能是定义了一个二维数组a,有4行5列,共20个元素,为便于理解,在此用"表格"指代数组。在定义格式中,常量1的值标明的是"表格"的行数,常量2的值标明的是"表格"的列数。与一维数组类似,二维数组也有下标,而且有两个下标:行下标,列下标。每个下标都是从0开始计数。行下标、列下标构成的数组元素排列如表0-6所示。

表 0-6　二维数组元素分布

	第 0 列	第 1 列	第 2 列	第 3 列	第 4 列
第 0 行	A[0][0]	A[0][1]	A[0][2]	A[0][3]	A[0][4]
第 1 行	A[1][0]	A[1][1]	A[1][2]	A[1][3]	A[1][4]
第 2 行	A[2][0]	A[2][1]	A[2][2]	A[2][3]	A[2][4]
第 3 行	A[3][0]	A[3][1]	A[3][2]	A[3][3]	A[3][4]

（2）二维数组引用方法

与一维数组的引用方法相似，在使用二维数组的数据元素时，我们也需要指定行下标和列下标。

比如下面这段程序代码：

```
int i,j,a[4][5];
for(i=0;i<=3;i++)
    for(j=0;j<=4;j++)
        a[i][j]=i+j;
```

这段代码执行后，二维数组 a 里的值见表 0-7 所示。

表 0-7　二维数组 a 中的值

	第 0 列	第 1 列	第 2 列	第 3 列	第 4 列
第 0 行	0	1	2	3	4
第 1 行	1	2	3	4	5
第 2 行	2	3	4	5	6
第 3 行	3	4	5	6	7

（六）了解 C51 中头文件

在 C51 编程中，我们要经常包含一些头文件，这些文件包含常数、宏定义、类型定义和函数原型等。对初学者而言，为什么要包含这些文件及应该包含什么文件都是不容易搞清楚的问题。

要理解头文件我们首先要有这样一个认识：编写完成一段程序，该程序所完成的功能不全是我们写的那些代码的功劳，其实我们写一行语句实现某一种效果，是因为有大量的专业人员为我们做了大量底层工作，而这些工作为编程人员节省了大量的时间和精力，这些底层工作很大一部分就体现在头文件上。由于底层工作很多，体现在头文件上的头文件数目也很多，因此我们对这些文件需要有一个粗略的了解。

C51 编译器包含许多头文件，定义了许多 8051 派生系的特殊功能寄存器的常数。这些文件在目录 keil\C51\inc 和子目录下。

absacc.h——包含允许直接访问 8051 不同存储区的宏定义。

assert.h——文件定义 assert 宏，可以用来建立程序的测试条件。

ctype.h——字符转换和分类程序。

intins.h——文件包含指示编译器产生嵌入式固有代码的程序的原型。

math.h——数学程序。
reg51.h——51 的特殊寄存器。
reg52.h——52 的特殊寄存器。
setjmp.h——定义 jmp_buf 类型和 setjmp 和 longjmp 程序的原型。
stdarg.h——可变长度参数列表程序。
stdlib.h——存储器分配程序。
stdio.h——流输入和输出程序。
string.h——字符转换操作程序、缓冲区操作程序。

其实还有很多头文件是与各个厂家的芯片有关,比如在 INC 文件夹根目录里就有很多以公司分类的子文件夹,里面也都是相关产品的头文件。如打开 Atmel 文件夹,看到相当多的头文件,其中包括 reg51.h,也有 AT89x51.h,而在本书的程序中,我们就大量使用了 AT89x51.h 头文件。

二、MCS-51 单片机硬件结构

(一)单片机基础知识

1. 什么是单片机

单片微型计算机简称单片机。由于它的结构及功能均按工业控制要求设计,因此其确切的名称应是单片微控制器。

单片机是把中央处理器 CPU、随机存取存储器 RAM、只读存储器 ROM、I/O 接口电路、定时器/计数器以及串行通信接口等集成在一块芯片上,构成一个完整的微型计算机,故又称为单片微型计算机。

2. 单片机发展历史

单片机出现的历史并不长,它的产生与发展和微处理器的产生与发展大体同步,经历了四个阶段。

第一阶段(1971—1974 年):1971 年 11 月,美国 Intel 公司首先设计出集成度为 2000 只晶体管/片的 4 位微处理器 Intel 4004,并且配有随机存取存储器 RAM、只读存储器 ROM 和移位寄存器等芯片,构成第一台 MCS-4 微型计算机。1972 年 4 月,Intel 公司又研制成功了处理能力较强的 8 位微处理器——Intel 8008。这些微处理器虽说还不是单片机,但从此拉开了研制单片机的序幕。

第二阶段(1974—1978 年):初级单片机阶段。以 Intel 公司的 MCS-48 为代表。这个系列单片机内集成有 8 位 CPU、I/O 接口、8 位定时器/计数器,寻址范围不大于 4KB,且无串行口。

第三阶段(1978—1983 年):高性能单片机阶段。在这一阶段推出的单片机普遍带有串行 I/O 口,有多级中断处理系统、16 位定时器/计数器。单片机内 RAM、ROM 容量加大,且寻址范围可达 64KB,有的片内还带有 A/D 转换器接口。这类单片机有 Intel 公司的 MCS-51、Motorola 公司的 6801 和 Zilong 公司的 Z80 等。这类单片机的应用领域极其广泛,这个系列的各类产品仍然是目前国内外产品的主流。其中 MCS-51 系列产品,以其优良的性能价格比,成为我国广大科技人员的首选。

第四阶段(1983年至今):8位单片机巩固发展及16位单片机推出阶段。此阶段单片机的主要特征:一方面发展16位单片机及专用单片机;另一方面不断完善高档8位单片机,改善其结构,以满足不同的用户需要。

纵观单片机三十多年的发展历程,我们认为单片机今后将向多功能、高性能、高速度、低电压、低功耗、低价格、外围电路内装化以及内存储器容量增加的方向发展。但其位数不一定会继续增加,尽管现在已经有32位单片机,但使用的并不多。今后的单片机将功能更强、集成度和可靠性更高、价格更低以及使用更方便。

(二)单片机内部结构

1. 8051单片机结构

8051单片机的内部总体结构框图如图0-7所示。

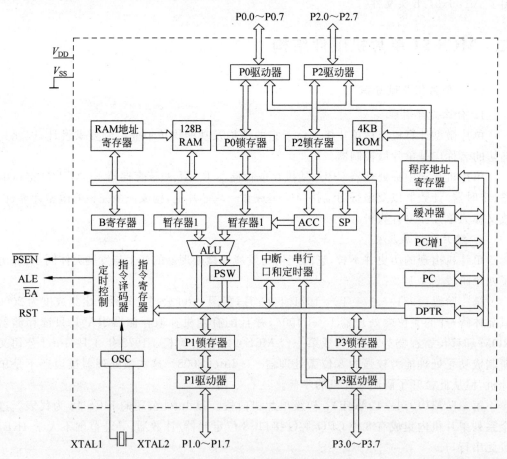

图0-7 8051单片机的结构框图

其基本特征如下:

① 8位CPU,片内振荡器。

② 4KB的片内ROM,128B的片内RAM。

③ 21 个特殊功能寄存器。

④ 4 个 I/O 接口 P0～P3,共 32 根 I/O 口线。

⑤ 可寻址各 64KB 的片外 RAM、片外 ROM。

⑥ 两个 16 位的定时器/计数器。

⑦ 中断结构具有两个优先级,5 个中断源。

⑧ 一个全双工串行口。

⑨ 具有位寻址功能,适于布尔处理的位处理器。

由图 2-1 可知,除 128B×8 的片内 RAM、4KB×8 的 ROM、中断、串行口、定时器模块及分布在框图中的 4 个 I/O 接口 P0～P3 外,其余部分则是中央处理器(CPU)的全部组成,而 CPU、RAM、ROM、I/O 接口则由内部三总线紧密地联系在一起。

把框图中 4KB ROM 换为 EPROM,就是 8751 单片机结构框图,如去掉 ROM/EPROM 部分,即为 8031 单片机的框图。

2. 存储器

单片机存储器结构的主要特点是程序存储器和数据存储器的寻址空间是分开的。对 MCS-51 系列而言,有 4 个物理上相互独立的存储器空间,即内、外程序存储器和内、外数据存储器。

从逻辑空间上看,实际上 MCS-51 单片机存在三个独立的空间存储器。

① 片内外统一编址的程序存储器,空间大小为 64KB。

② 片内数据存储器,空间大小为 256B。

③ 片外数据存储器,空间大小为 64KB。

1) 片内外统一编址的程序存储器

8051 片内有 4KB 的 ROM,8751 片内则有 4KB 的 EPROM,8951 片内则有 4KB 的 E^2PROM,而 8031 无片内 ROM,所以片内程序存储器的有无和种类是区别 MCS-51 系列产品的主要标志。至于片外程序存储器容量,用户可根据需要任意选择,但片内、片外的总容量合起来不得超过 64KB。

程序存储器是用于存放程序和表格常数的,它以 16 位的程序计数器(PC)作为地址指针来寻址(找出指令或数据存放的地址单元),因此寻址空间为 64KB。在系统正常运行中,ROM 中的内容是不会变化的。

用户可通过对 $\overline{EA}$ 引脚信号的设置来控制片内、片外 ROM 的使用。

① 当引脚 $\overline{EA}$ 接高电平时,8051 的程序计数器 PC 在 0000H～0FFFH 范围内(即低 4KB 地址),则执行片内 ROM 中的程序;当 PC 值,即指令地址超过 0FFFH 后(即在 1000H～FFFFH 范围内),CPU 就自动转向片外 ROM 读取指令。

② 当引脚 $\overline{EA}$ 接低电平时,8051 片内 ROM 不起作用,CPU 只能从片外 ROM 中读取指令,这时片外 ROM 从 0000H 开始编址。

注意：由于 8031 片内没有 ROM,所以使用时必须使 $\overline{EA}=0$,即只能使用外部扩展 ROM。

单片机从片内程序存储器和片外程序存储器读取指令时执行速度相同。

程序存储器的某些单元是留给系统使用的,用户不能存储程序,具体见表 0-8。

表 0-8　内部 ROM 的保留单元

存储空间	系统使用目的	存储空间	系统使用目的
0000H～0002H	复位后初始化引导程序	001BH～0022H	定时器 1 溢出中断
0003H～000AH	外部中断 0	0023H～002AH	串行口中断
000BH～0012H	定时器 0 溢出中断	002BH	定时器 2 中断（8052 才有）
0013H～001AH	外部中断 1		

2）片外数据存储器

单片机的数据存储器一般由读/写存储器 RAM 组成，其容量最大可扩展到 64KB，用于存储数据。实际使用时应首先充分利用内部数据存储器空间，只有在实时数据采集和处理或数据存储量较大的情况下，才扩充数据存储器。

访问片外数据存储器可以用 16 位数据存储器地址指针 DPTR，同样用 P2 口输出地址高 8 位，用 P0 口输出地址低 8 位，用 ALE 引脚作为地址锁存信号。但和程序存储器不同，数据存储器的内容既可读出也可写入。在时序上则产生相应的 $\overline{RD}$ 和 $\overline{WR}$ 信号，并以此来选通存储器。

也可以用 8 位地址访问片外数据存储器，这不会与内部数据存储器空间发生重叠。单片机指令中设置了专门访问片外数据存储器的指令 MOVX，使得这种操作既区别于访问程序存储器的指令 MOVC，也区别于访问内部数据存储器的 MOV 指令，这在时序上和相应的控制信号上都得到了保证。

显然，片外数据存储器较小时，8 位地址已足够使用，若要扩展较大的 RAM 区域，则应在使用 8 位地址时预先设置 P2 端口寄存器值，以确定页面地址（高 8 位），而后再用 8 位地址指令执行对该页面内某存储单元的操作。

3）片内数据存储器

从应用的角度来讲，清楚片内数据存储器的结构和地址空间的分配是十分重要的，因为读者将来在学习指令系统和程序设计时将会经常接触到它们。内部数据存储器由地址 00H～FFH 共有 256 个字节的地址空间组成。这 256 个字节的空间被分为两部分，其中内部数据 RAM 地址为 00H～7FH，特殊功能寄存器（SFR）的地址为 80H～FFH。

（1）内部数据 RAM 单元（低 128B 单元）

如表 0-9 所示，单片机内部有 128 个字节的随机存取存储器 RAM，CPU 为其提供了丰富的操作指令，它们均可按字节操作。用户既可以将其当做数据缓冲区，也可以在其中开辟自己的栈区，还可以利用单片机提供的工作寄存器区进行数据的快速交换和处理。内部数据 RAM 单元按用途可分为 3 个区。

① 寄存器区

低 128B 的 RAM 的低 32 个单元称做工作寄存器区，也称为通用寄存器区，常用来存放操作数及中间结果等。

MCS-51 系列单片机的特点之一是内部工作寄存器以 RAM 形式组成。在单片机中，那些与 CPU 直接有关或表示 CPU 状态的寄存器，如堆栈指针 SP、累加器 A、程序状态字寄存器 PSW 等则归并于特殊功能寄存器中。RAM 存储区的工作寄存器区域划分为四组,每组有工作寄存器 R0~R7。这四组工作寄存器区提供的 32 个工作寄存器可用来暂存运算的中间结果以提高运算速度,也可以用其中的 R0、R1 来存放 8 位的地址值,去访问一个 256B 的存储区单元,此时高 8 位地址则事先由输出口(P2)的内容选定。另外,R0~R7 也可以用做计数器,在指令作用下加 1 或减 1。但是,它们不能组成所谓的寄存器对,因而也不能当做 16 位地址指针使用。

单片机工作寄存器很多,无须再增加辅助寄存器,当需要快速保护现场时,不需要交换寄存器内容,只需改变程序状态字寄存器 PSW 中的 RS0、RS1 就可选择另一个组的 8 个寄存器的切换。这就给用程序保护寄存器内容提供了极大方便,而 CPU 只要执行一条单周期指令,就可改变 PSW 的第 3 位、第 4 位,即 PSW.2 和 PSW.3。

需要说明的是,在任一时刻,只能使用 4 组寄存器区中的一组,正在使用的那组寄存器称做当前工作寄存器组。当 CPU 复位后,选中第 0 组工作寄存器区为当前的工作寄存器组。

② 位寻址区

工作寄存器区上面的 16B 单元(20H~2FH)是位寻址区,即可以对单元中每一位进行位操作,当然它们也可以作为一般 RAM 单元使用,进行字节操作。

如表 0-9 所示,位寻址区共有 128 位,位地址为 00H~7FH。

表 0-9 MCS-51 内部 RAM 分配和位寻址区域

30H~7FH(数据缓冲区、堆栈区、工作单元)									
7FH	7EH	7DH	7CH	7BH	7AH	79H	78H		2FH
77H	76H	75H	74H	73H	72H	71H	70H		2EH
6FH	6EH	6DH	6CH	6BH	6AH	69H	68H		2DH
67H	66H	65H	64H	63H	62H	61H	60H		2CH
5FH	5EH	5DH	5CH	5BH	5AH	59H	58H	位寻址区域(20H~2FH)	2BH
57H	56H	55H	54H	53H	52H	51H	50H		2AH
4FH	4EH	4DH	4CH	4BH	4AH	49H	48H		29H
47H	46H	45H	44H	43H	42H	41H	40H		28H
3FH	3EH	3DH	3CH	3BH	3AH	39H	38H		27H
37H	36H	35H	34H	33H	32H	31H	30H		26H
2FH	2EH	2DH	2CH	2BH	2AH	29H	28H		25H
27H	26H	25H	24H	23H	22H	21H	20H		24H
1FH	1EH	1DH	1CH	1BH	1AH	19H	18H		23H
17H	16H	15H	14H	13H	12H	11H	10H		22H
0FH	0EH	0DH	0CH	0BH	0AH	09H	08H		21H
07H	06H	05H	04H	03H	02H	01H	00H		20H
18H~1FH(第 3 组工作寄存器区)								工作寄存器区(00H~1FH)	
10H~17H(第 2 组工作寄存器区)									
08H~0FH(第 1 组工作寄存器区)									
00H~07H(第 0 组工作寄存器区)									

在使用时,位地址有两种表示方式,一种以表 0-9 中位地址的形式,比如 2FH 字节单元的第 7 位可以表示为 7FH;另一种是以字节地址第几位的方式表示,比如同样是 2FH 字节单元的第 7 位还可以表示为 2FH.7。

注意:虽然位地址和字节地址的表现形式可以一样,但因为位操作与字节操作的指令不同,所以不会混淆。

通过执行位操作指令可直接对某一位进行操作,如置 1、清 0、判 1 和判 0 转移等,结果用做软件标志位或用做位(布尔)处理。这种位寻址能力是 MCS-51 的一个重要特点,是一般微机和早期的单片机(如 MCS-48)所没有的。

③ 用户 RAM 区

低 128B 单元中,工作寄存器区占用了 32 个单元,位寻址区占用了 16 个单元,剩余 80 个字节就是供用户使用的一般 RAM 区,其单元地址为 30H~7FH。此部分区域可作为数据缓冲区、堆栈区、工作单元来使用。

8 位的堆栈指针 SP,决定了不可在 64KB 空间任意开辟栈区,只能限制在内部数据存储区。由于堆栈指针为 8 位,所以原则上堆栈可由用户分配在片内 RAM 的任意区域,只要对堆栈指针 SP 赋以不同的初值就可指定不同的堆栈去与。但在具体应用时,栈区的设置应与 RAM 的分配统一考虑。工作寄存器和位寻址区域分配好后,再指定堆栈区域。

由于 MCS-51 复位以后,SP 的值为 07H,指向第 0 组工作寄存器区,因此用户初始化时都应对 SP 重新设置初值,一般设在 30H 以后的范围为宜。

(2) 特殊功能寄存器区(高 128B 单元)

特殊功能寄存器(SFR)的地址空间范围为 80H~FFH。在 MCS-51 中,除程序计数器 PC 和 4 个工作寄存器区外,其余寄存器都属于 SFR,所有这些特殊功能寄存器的地址分配如表 0-10 所示。

表 0-10 特殊功能寄存器地址映像表

符号	名称	地址	符号	名称	地址
P0#	P0 锁存器	80H	P1#	P1 锁存器	90H
SP	堆栈指针	81H	SCON#	串行口控制寄存器	98H
DPL	数据指针低 8 位	82H	SBUF	串行数据缓冲寄存器	99H
DPH	数据指针高 8 位	83H	P2#	P2 锁存器	A0H
PCON	电源控制寄存器	87H	IE#	中断允许控制寄存器	A8H
TCON#	定时器控制寄存器	88H	P3#	P3 锁存器	B0H
TMOD	定时器方式选择寄存器	89H	IP#	中断优先级控制寄存器	B8H
TL0	定时器/计数器 0 低 8 位	8AH	B#	B 寄存器	F0H
TL1	定时器/计数器 1 低 8 位	8BH	PSW#	程序状态字寄存器	D0H
TH0	定时器/计数器 0 高 8 位	8CH	ACC#	累加器	E0H
TH1	定时器/计数器 1 高 8 位	8DH			

注:带 # 号的寄存器表示可以支持位寻址。

特殊功能寄存器反映了 MCS-51 的状态字及控制字寄存器,大体可分为两类:一类与芯片的引脚有关;另一类作为芯片内部功能的控制寄存器。MCS-51 中的一些中断屏蔽及优先级控制不是采用硬件优先链方式解决，而是用程序在特殊功能寄存器中设定。定时器、串行口的控制字等全部以特殊功能寄存器出现，这就使单片机有可能把 I/O 接口与 CPU、RAM 集成在一起，代替多片机中多个芯片连接在一起完成的功能。

与芯片引脚有关的特殊功能寄存器是 P0～P3，它们实际上是 4 个锁存器，每个锁存器附加一个相应的输出驱动器和缓冲器就构成了一个并行口。芯片内部其他控制寄存器有 A、B、PSW 和 SP 等。

从表 0-10 中可以看出，21 个特殊功能寄存器离散分布在 80H～FFH 的 RAM 空间中，但是用户并不能使用剩余的空闲单元。在 21 个特殊功能寄存器中，凡是地址能够被 8 整除的寄存器都支持位寻址，共有 11 个特殊功能寄存器支持位寻址功能，具体位地址见表 0-11。

表 0-11 具有位寻址能力的 SFR 位地址表

字节地址	寄存器符号	位地址和位名称							
		第 7 位	第 6 位	第 5 位	第 4 位	第 3 位	第 2 位	第 1 位	第 0 位
F0H	B	0F7H	0F6H	0F5H	0F4H	0F3H	0F2H	0F1H	0F0H
E0H	ACC	0E7H	0E6H	0E5H	0E4H	0E3H	0E2H	0E1H	0E0H
D0H	PSW	0D7H	0D6H	0D5H	0D4H	0D3H	0D2H	0D1H	0D0H
		CY	AC	F0	RS1	RS0	OV	F1	P
B8H	IP	0BFH	0BEH	0BDH	0BCH	0BBH	0BAH	0B9H	0B8H
		/	/	/	PS	PT1	PX1	PT0	PX0
B0H	P3	0B7H	0B6H	0B5H	0B4H	0B3H	0B2H	0B1H	0B0H
		P3.7	P3.6	P3.5	P3.4	P3.3	P3.2	P3.1	P3.0
A8H	IE	0AFH	0AEH	0ADH	0ACH	0ABH	0AAH	0A9H	0A8H
		EA	/	/	ES	ET1	EX1	ET0	EX0
A0H	P2	0A7H	0A6H	0A5H	0A4H	0A3H	0A2H	0A1H	0A0H
		P2.7	P2.6	P2.5	P2.4	P2.3	P2.2	P2.1	P2.0
98H	SCON	9FH	9EH	9DH	9CH	9BH	9AH	99H	98H
		SM0	SM1	SM2	REN	TB8	RB8	TI	RI
90H	P1	97H	96H	95H	94H	93H	92H	91H	90H
		P1.7	P1.6	P1.5	P1.4	P1.3	P1.2	P1.1	P1.0
88H	TCON	8FH	8EH	8DH	8CH	8BH	8AH	89H	88H
		TF1	TR1	TF0	TR0	IE1	IT1	IE0	IT0
80H	P0	87H	86H	85H	84H	83H	82H	81H	80H
		P0.7	P0.6	P0.5	P0.4	P0.3	P0.2	P0.1	P0.0

（三）MCS-51 单片机的引脚及其片外总线

用单片机组成应用系统，往往需要对存储器容量和 I/O 接口加以扩充，为保证连接无误和速度匹配，就需要熟悉和了解单片机的引脚信号。

HMOS 制造工艺的 MCS-51 单片机都采用 40 引脚的双列直插封装（DIP 方式），CHMOS 制造工艺的 80C51/80C31 芯片除采用 DIP 方式外，还采用方形封装方式。MCS-51 单片机引脚图如图 0-8 所示，图 0-8(a)为 DIP 方式，图 0-8(b)为方形封装方式，其中方形封装的 CHMOS 单片机有 44 脚,但其中 4 只脚(标有 NC 的引脚 1、12、23、34)是不使用的。不管是 DIP 封装还是方形封装,40 只引脚都可分为三个部分:4 个并行口共有 32 根引脚,可分别用做地址线、数据线和 I/O 口线;6 根控制信号线;2 根电源线。

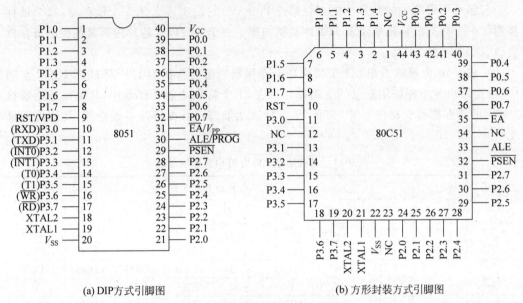

图 0-8　MCS-51 单片机引脚图

1. P0~P3 口引线

(1) P0 口引线

P0 口为一个 8 位漏极开路的双向 I/O 通道,在存取片外存储器时用做低 8 位地址及数据总线(在此时内部上拉电阻有效);在程序检验时也用做输出指令字节(在程序检查时需要外部上拉电阻),能够接纳 8 个 TTL 负载输入。

(2) P1 口引线

P1 口为一个带内部上拉电阻的 8 位双向 I/O 通道。在 8751 或 8051 的程序检验时,它接收低 8 位地址字节,能够吸收或供给 4 个 TTL 负载输入,不用附加上拉电阻即可驱动 MOS 输入。

(3) P2 口引线

P2 口为一个带内部上拉电阻的 8 位双向 I/O 通道。在存取存储器时,它是高位地址字节的出口。在 8051 或 8751 的程序检验中,它也能接收高位地址和控制信号,能够吸收或供给 4 个 TTL 负载输入,不用外加电阻即可驱动 CMOS 输入。

(4) P3 口引线

P3 口为一个带内部上拉电阻的 8 位双向 I/O 通道。它还能用于实现 MCS-51 系列的各种特殊功能,能够吸收或供给 4 个 TTL 负载输入,不用外加电阻即可实现 MOS 输入。

2. 控制信号

(1) ALE/$\overline{PROG}$

ALE/$\overline{PROG}$ 是地址锁存允许输出信号端。在存取片外存储器时,用其锁存低位地址字节。为了达到这个目的,甚至在片外存储器不作存取时,也以 1/6 时钟振荡频率的固定频率激发 ALE。因此,它可以用于外部时钟和定时(在每一次存取片外存储器时,有一个 ALE 脉冲跳过去)。在进行 EPROM 编程时,该端线还是编程脉冲输入端 $\overline{PROG}$。

(2) $\overline{PSEN}$

$\overline{PSEN}$ 是程序存储允许输出端,是片外程序存储器的读选通信号。从片外程序存储器取数时,每个机器周期内 $\overline{PSEN}$ 激发两次(然后,当执行片外程序存储器的程序时,$\overline{PSEN}$ 在每次存取片外数据存储器时,有两个脉冲是不出现的)。从片内程序存储器存取时,不激发 $\overline{PSEN}$。

对单片机而言,访问片外程序存储器时,将 PC 的 16 位地址输出到 P2 口和 P0 口外的地址寄存器后,$\overline{PSEN}$ 产生负脉冲选通片外程序存储器。相应的存储单元的指令字节送到 P0 口,供单片机读取。

$\overline{PSEN}$、ALE 和 XTAL2 输出端是否有信号输出可以判断出单片机是否在工作。

(3) $\overline{EA}/V_{PP}$

当 $\overline{EA}$ 为高电平时,CPU 执行片外程序存储器指令(除非程序计数器 PC 的值超过 0FFFH)。当 $\overline{EA}$ 为低电平时,CPU 只执行片外程序存储器指令。在 8031 中,$\overline{EA}$ 必须外接成低电平,在 8751 中,当 EPROM 编程时,它也接收 21V 的编程电源电压(V_{PP})。

(4) XTAL1

XTAL1 作为振荡器倒相放大器的输入端。使用外振荡器时,必须接地。

(5) XTAL2

XTAL2 作为振荡器的倒相放大器的输出端和内部时钟发生器的输入端。当使用外振荡器时,接收外振荡器信号。

(6) RST/VPD

RST/VPD 是单片机复位端。当振荡器工作时,在此端线持续给出两个机器周期的高电平可以完成复位。由于有一个内部的下拉电阻,只需要在本端和 V_{CC} 之间加一个电容,便可以做到上电复位。

复位以后,P0 口~P3 口输出高电平,SP 指针重新赋值为 07H,其他特殊功能寄存器和程序计数器 PC 被清零。复位后各内部寄存器初始值如表 0-12 所示。

表 0-12 MCS-51 复位后内部寄存器初始值

内部寄存器	初始值	内部寄存器	初始值
ACC	00H	TMOD	00H
B	00H	TCON	00H
PSW	00H	TH0	00H
SP	07H	TL0	00H
DPL	00H	TH1	00H
DPH	00H	TL1	00H
P0~P3	FFH	SCON	00H
IP	×××00000B	SBUF	不定
IE	0××00000B	PCON	0×××××××B

只要 RESET 保持高电平，MCS-51 系列单片机就会循环复位。RESET 由高电平变为低电平后，单片机从程序存储器的 0000H 开始执行程序。单片机初始复位不影响内部 RAM 的状态，包括工作寄存器 R0～R7。

复位操作还对单片机的个别引脚信号有影响，例如把 ALE 和 $\overline{PSEN}$ 信号变为无效状态，即 ALE＝0，$\overline{PSEN}$＝1。

从以上的叙述中，我们已经清楚复位电路的设计原则：在单片机的 RST 引脚上出现两个机器周期以上的高电平（为了保证应用系统可靠地复位，通常使 RST 引脚保持 10ms 以上的高电平）。根据这个原则，通常采用以下几种复位电路。

（1）上电自动复位

如图 0-9（a）所示，只要电源 V_{CC} 的上升时间不超过 1ms，就可以实现自动上电复位，即接通电源即可完成系统的复位初始化。

（2）按键电平复位

按键电平复位是通过使复位端经电阻与 V_{CC} 电源接通而实现的，电路如图 0-9（b）所示。

（3）按键脉冲复位

按键脉冲复位是利用 RC 微分电路产生的正脉冲来实现的，电路如图 0-9（c）所示。

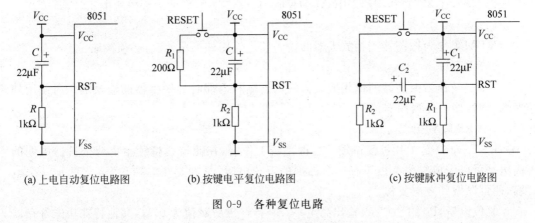

(a) 上电自动复位电路图　　(b) 按键电平复位电路图　　(c) 按键脉冲复位电路图

图 0-9　各种复位电路

上述复位电路图中的电阻、电容参数适用于 6MHz 晶振，能保证复位信号高电平持续时间大于两个机器周期。

3．电源线

（1）V_{CC}

在编程（用于 8751）、检验（用于 8051 或 8751）和正常运行时使用的电源，接＋5V。

（2）V_{SS}

V_{SS} 是接地端。

一般在 V_{CC} 和 V_{SS} 之间应接有高频和低频滤波电容。

（四）单片机时钟电路

时钟电路用于产生单片机工作所需要的时钟信号，单片机本身是一个复杂的同步时序系统，为了保证同步工作方式的实现，单片机必须有时钟信号，以使其系统在时钟信号的控制下按时序协调工作。而所谓时序，则是指指令执行过程中各信号之间的相互时间关系。

在介绍单片机引脚时,我们已经叙述过有关振荡器的概念。振荡电路产生的振荡脉冲,并不是时钟脉冲。这两者既有联系又有区别。在由多片单片机组成的系统中,为了各单片机之间的时钟信号的同步,还引入公用外部脉冲信号作为各单片机的振荡脉冲。

1. 时钟信号的产生

XTAL1(19脚)是接外部晶体管的一个引脚。在单片机的内部,它是一个反相放大器的输入端,这个放大器构成了片内振荡器。输出端为引脚 XTAL2,在芯片的外部通过这两个引脚接晶体振荡器和微调电容,形成反馈电路,构成一个稳定的自激振荡器。单片机时钟电路框图如图 0-10 所示。

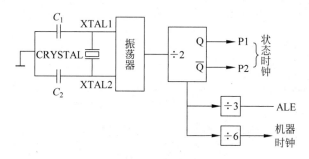

图 0-10　单片机时钟电路框图

我们可以用示波器测出 XTAL2 上的波形。电路中的 C_1、C_2 一般取 30pF 左右,而晶体振荡器的频率范围通常是 1.2～12MHz,晶体振荡器的频率越高,振荡频率就越高。

振荡电路产生的振荡脉冲并不是时钟信号,而是经过二分频后才作为系统的时钟信号。如图 2-4 所示,在二分频的基础上再三分频产生 ALE 信号(这就是前面介绍 ALE 时所说的"ALE 是以 1/6 晶振的固体频率输出的正脉冲"),在二分频的基础上再六分频得到机器周期信号。

2. 引入外部脉冲信号

在由多片单片机组成的系统中,为了各单片机之间时钟信号的同步,应当引入惟一的公用外部脉冲信号作为各单片机的振荡脉冲。这时外部的脉冲信号是经 XTAL2 引脚注入的,如图 0-11 所示。对于 80C51 单片机,情况有所不同。外引脉冲信号需从 XTAL1 引脚注入,而 XTAL2 引脚应悬浮。

实际使用时,引入的脉冲信号应为高低电平持续时间大于 20ns 的矩形波,且脉冲频率应低于 12MHz。

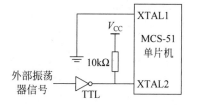

图 0-11　外部脉冲源接法

(五) 单片机最小应用系统的制作

前面学习了单片机的内部结构以及各引脚功能,这里介绍如何自制单片机最小应用系统。图 0-12 为单片机最小应用系统的框图,主要包括单片机电路模块、振荡电路模块、复位电路模块、电源接口模块,制作成功后可为后续学习提供实验环境。图 0-13 为单片机最小应用系统的实物照片图。表 0-13 为单片机最小应用系统材料清单。

C51单片机项目式教程

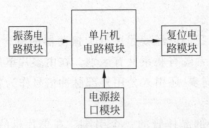

图 0-12 单片机最小应用系统框图

①单片机电路模块；②复位电路模块；③振荡电路模块；④电源接口模块

图 0-13 单片机最小应用系统实物图

表 0-13 材料清单

序号	名 称	型号/参数	数量
1	单片机	AT89C51	1
2	晶振	12MHz	1
3	电容	30pF	2
4	电解电容	22μF/50V	1
5	电阻	1kΩ	1
6	电阻	200Ω	1
7	复位开关	/	1
8	单孔板	/	1
9	IC 底座	40 脚	1
10	排针	/	一排 40 针

1. 单片机电路模块

如图 2-8 所示，首先在单孔板上合适位置放置 40 脚的 IC 底座，用来放置单片机，然后在 P0 口(32～39 脚)、P1 口(1～8 脚)、P2 口(21～28 脚)、P3 口(10～17 脚)分别引出排针,用于系统扩展。电路连接图如图 0-14 所示,其中 J1~J4 均为 8 针的排针。

2. 复位电路模块

单片机复位电路有多种形式,此处采用按键复位方式,电路连接图如图 0-15 所示。

首先将 200Ω 电阻的一端、电解电容的一端、1kΩ 电阻的一端均与单片机的 9 脚相接;然后将电解电容的另一端接电源,1kΩ 电阻的另一端接地;最后将 200Ω 电阻的另一端与复位开关相接,复位开关的另一端接电源。

注意:复位开关共有 4 脚,接线时接对角线即可。

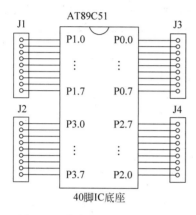

图 0-14 单片机电路模块连接图

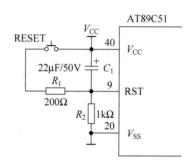

图 0-15 复位电路连接图

3. 振荡电路模块

电路连接图如图 0-16 所示。首先将 12MHz 的晶振两端与单片机的 18 脚、19 脚分别相接;然后将两个 30pF 的电容的一端与晶振的两个管脚相接;最后将两个电容另一端分别接地即可。

4. 电源接口模块

在单片机最小应用系统板上设计电源接口模块,此模块主要为 4 个电源插口(均采用排针),电源插口均为并联方式连接,其中 J1 为电源输入端,J2~J4 可用于系统扩展,为其他模块板提供电源,电路连接图如图 0-17 所示,单片机的 31 脚必须接电源,表示使用片内 ROM。

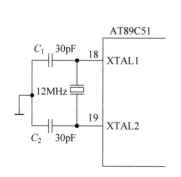

图 0-16 振荡电路连接图

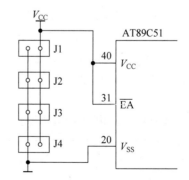

图 0-17 电源接口连接图

知识训练

1. C51中常用的数据类型有哪些？这些数据的保存范围分别是多少？
2. 把表达式i++改写成普通表达式。
3. 假如a＝7,b＝8,请问a&&b值是多少？a||b呢？!a呢？!b呢？
4. 假如a＝7,b＝8,请问a&b值是多少？a|b呢？!a呢？!b呢？
5. 如果编写程序时碰到下面情况：根据某个情况的变化,符合某一条件时需要执行一些语句,不符合这一条件时则需要执行另外一些语句,你会使用哪种控制语句？请简要写出语句的代码。
6. 条件语句、开关语句的区别是什么,分别适用于什么场合？
7. 如果循环次数确定,一般会使用哪种循环语句？请写出其使用的格式。
8. 如果在编写程序时循环次数无法事先知道,但知道到了某一条件时必须退出循环,那么会使用哪种循环语句？
9. 请写出定义函数的语法格式,有参函数、无参函数的定义格式区别在哪里？什么情况下适合使用有参函数？什么情况下适合使用无参函数？
10. 请分别写出定义一维数组、二维数组的语法格式。
11. 什么叫单片机？它由哪些主要部分构成？除了"单片机"之外,它还可以称为什么？
12. 8051单片机的特点是什么？
13. 8031、8051、8751以及8951单片机的主要区别是什么？
14. 与8051相比,80C51的最大特点是什么？
15. AT89系列单片机的特点是什么？
16. MCS-51单片机的$\overline{EA}$引脚有何功能？在使用8031时该引脚应怎样处理？
17. 程序状态字寄存器PSW的作用是什么？其各标志位分别表示什么？
18. 单片机程序存储器的寻址范围是多少？程序计数器PC的值代表什么？
19. 单片机系统复位后,片内RAM的当前工作寄存器组是第几组？其8个寄存器的字节地址分别是什么？
20. 片内RAM低128B单元划分为哪3个主要部分？说明各个部分的使用特点。
21. MCS-51单片机的4个I/O口在使用上有哪些分工和注意事项？
22. 在MCS-51单片机中,地址总线是如何构成的？
23. 若已知单片机振荡频率为12MHz,则时钟周期、机器周期和指令周期分别为多少？
24. 单片机的复位电路有哪几种？复位后各特殊功能寄存器的初始状态如何？
25. 分别说明MCS-51单片机在两种节电工作方式下,芯片内部哪些电路停止工作？

项目训练篇

流水灯的设计与制作

> **需要掌握的理论知识：**
> - MCS-51 系列单片机 I/O 端口知识，端口负载能力，常见应用场合及使用方式等。
> - C51 程序语言中 for 语句、do-while 语句运行规则和使用方法等。
> - MCS-51 系列单片机定时器相关的 TMOD、TCON 寄存器各位的作用，定时时间和计数器初始值计算公式，定时器的 4 种工作方式之间的区别及工作方式的选取，定时器中 4 个重要寄存器 TH0、TL0、TH1、TL1 的作用。
>
> **需要掌握的能力：**
> - 会选择合适 I/O 端口作为输出脚。
> - 知道并会使用适当循环语句完成循环功能。
> - 会选择合适的定时器并选用合适的定时器工作方式，会按要求完成计数器初始值的计算，会给 TH0、TL0 或 TH1、TL1 赋适当的初始值。

任务一　明确流水灯设计要求

　　随着人们生活环境的不断改善和美化，在许多场合可以看到彩色的霓虹灯，尤其是行走在夜晚的街道上，色彩斑斓不断变换的彩色霓虹灯广告牌吸引着不少人的目光。看着这些漂亮的美景相信不少人会有"真好看，我要是能做这些该多好啊"等想法。其实，这些漂亮美景背后实现的原理并不复杂，通过学习相信大家都能学会制作它。

　　8 路流水灯是由 8 盏 LED 指示灯组成一长列形式的电子灯，取名为"流水"是因为灯在工作时亮灭有序形如行云流水般畅快。功能需求如下：

通电时，最左边的第 1 盏灯先亮，然后熄灭，第 2 盏灯亮，再灭，按此方式直到第 8 盏灯，一个轮回后继续重复上一轮回直到断电。8 路流水灯的实物照片如图 1-1 所示。

图 1-1　流水灯实物图

任务二　利用软件定时实现流水灯

在这里我们将给出制作 8 路流水灯所需要元器件及型号，便于学习者购买及选用，给出 8 路流水灯的硬件连接原理图，给出控制流水灯的单片机 C51 程序，最后说明使用仿真软件仿真 8 路流水灯的操作过程。

一、选择元器件

在流水灯项目中，我们总共会用到表 1-1 所列的元器件。

表 1-1　流水灯项目所用元器件

序号	名　称	型号/参数	数量
1	单片机	AT89C51	1
2	晶振	12MHz	1
3	电容	30pF	2
4	电解电容	22μF/50V	1
5	电阻	1kΩ	1
6	电阻	200Ω	1
7	复位开关	/	1
8	单孔板	/	1
9	IC 底座	40 脚	1
10	排针	/	一排 40 针
以上元器件在上文中已经列出，如果已经制作成功的现在就可直接使用			
11	发光二极管	红色	8
12	电阻	200Ω	8
13	排针	/	10 针

二、设计硬件电路

流水灯的硬件连接原理图如图 1-2 所示。

硬件连接图可以分为以下两部分：

① 单片机的最小系统连接图，这一部分是一个单片机系统正常工作所必需的硬件连接图，其中原理我们不加讨论，学习者照此连接即可。

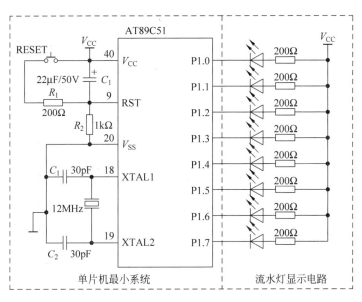

图 1-2　流水灯的硬件连接原理图

② 8 盏 LED 灯的硬件连接图,这一部分涉及基本的电子知识,LED 灯实际是一个发光的二极管,在二极管两端加一个电压并流过一定的电流二极管就会发光,实现 LED 灯亮起来的效果,为此 8 只 LED 管连接的基本思路便是 LED 管的正端接 5V 的电源电压,LED 管的负端接单片机输出引脚,电流从电源经 LED 管流入单片机的引脚从而点亮 LED 管。为了使流过 LED 管的电流不致太大而烧坏 LED 管和烧坏单片机,需要在电源经 LED 管到单片机引脚的线路上串入一个限流电阻。

三、设计程序

从硬件连接图中可以看出,如果要让接在 P1.0 口的 LED1 亮起来,那么只要把 P1.0 口的电平变为低电平就可以了;相反,如果要使接在 P1.0 口的 LED1 熄灭,就要把 P1.0 口的电平变为高电平;同理,接在 P1.1~P1.7 口的其他 7 个 LED 的点亮和熄灭的方法同 LED1,因此,要实现流水灯功能,我们只要将发光二极管 LED1~LED8 依次点亮、熄灭,8 只 LED 灯便会一亮一暗的工作了。需要特别说明的是,由于人眼的视觉暂留效应以及单片机执行每条指令的时间很短,我们在控制二极管亮灭的时候应该延时一段时间,即亮的时候,让它亮一段时间,然后再熄灭,再延迟一段时间再亮下一只二极管。

通过对硬件电路图的理解,我们知道用程序控制单片机的输出引脚输出高低电平就能轻易地实现控制 LED 灯的亮灭了。

程序编写思路:

我们选用单片机的 P1 端口 8 只引脚作为输出脚,1 只引脚控制 1 只 LED 灯。设置 P1_0 脚为低电平,使第 1 只 LED 灯点亮,并延时一段时间,然后设置 P1_0 脚为高电平,熄灭第 1 只 LED;设置 P1_1 脚为低电平,使第 2 只 LED 灯点亮,并延时一段时间,然后设置 P1_1 脚为高电平,熄灭第 2 只 LED,以此方式直到第 8 只 LED 灯亮起再熄灭。这一过程就完成了流水灯从第 1 盏灯到第 8 盏灯依次亮起并熄灭的"流水"过程。按此思路编写的程序流程框图见图 1-3 所示。

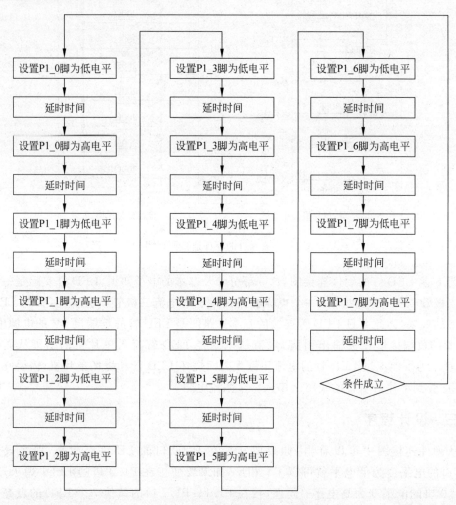

图 1-3　流水灯程序流程框图

在这里"延时时间"我们采用比较"笨"的方法——循环语句耗费 CPU 时间达到延时目的。按这种方式编写的 C51 语言程序——流水灯程序一如下：

```
#include <AT89X51.h>          //预处理命令
void main(void)                //主函数名
{
    unsigned int a;            //定义变量 a 为 int 类型
    do{
        for (a=0; a<10000; a++);   //10000 次空循环,相当于延时时间
        P1_0 = 0;              //设 P1.0 口为低电平,点亮 LED
        for (a=0; a<10000; a++);
        P1_0 = 1;              //设 P1.0 口为高电平,熄灭 LED
```

```
            for (a=0; a<10000; a++)
                P1_1 = 0;                      //设 P1.1 口为低电平,点亮 LED
            for (a=0; a<10000; a++)
                P1_1 = 1;                      //设 P1.1 口为高电平,熄灭 LED
            for (a=0; a<10000; a++)
                P1_2 = 0;                      //设 P1.2 口为低电平,点亮 LED
            for (a=0; a<10000; a++)
                P1_2 = 1;                      //设 P1.2 口为高电平,熄灭 LED
            for (a=0; a<10000; a++)
                P1_3 = 0;                      //设 P1.3 口为低电平,点亮 LED
            for (a=0; a<10000; a++)
                P1_3 = 1;                      //设 P1.3 口为高电平,熄灭 LED
            for (a=0; a<10000; a++)
                P1_4 = 0;                      //设 P1.4 口为低电平,点亮 LED
            for (a=0; a<10000; a++)
                P1_4 = 1;                      //设 P1.4 口为高电平,熄灭 LED
            for (a=0; a<10000; a++)
                P1_5 = 0;                      //设 P1.5 口为低电平,点亮 LED
            for (a=0; a<10000; a++)
                P1_5 = 1;                      //设 P1.5 口为高电平,熄灭 LED
            for (a=0; a<10000; a++)
                P1_6 = 0;                      //设 P1.6 口为低电平,点亮 LED
            for (a=0; a<10000; a++)
                P1_6 = 1;                      //设 P1.6 口为高电平,熄灭 LED
            for (a=0; a<10000; a++)
                P1_7 = 0;                      //设 P1.7 口为低电平,点亮 LED
            for (a=0; a<10000; a++)
                P1_7 = 1;                      //设 P1.7 口为高电平,熄灭 LED
        }
        while(1);
    }
```

通过阅读上述程序,我们发现这种写法挺累人,实现这个简单功能竟然需要写上几十行程序,其实这是最"笨"、最没效率的写法,但是它有一个优点,即非常容易理解,也很直观。下面我们准备优化程序,让程序简洁、短小些。

编写分析:

P1 端口有一个 8 位的寄存器,在单片机 C51 程序中此寄存器的名字就是 P1,通过对这个寄存器 P1 操作就可以实现对 P1 端口的操作。8 位寄存器对应着 P1 端口的 8 位,如果给 P1 寄存器赋二进制值$(11111110)_2$,就表示一次性给 P1 端口的第 1 位引脚置低电平,其他 7 位引脚置高电平,实现第 1 只 LED 灯亮,其他的都灭。根据这个道理结合流水灯的硬件电路原理图可知,要实现流水灯,只需按顺序每隔一定时间给 P1 寄存器赋二进制值$(11111110)_2 = 254$,$(11111101)_2 = 253$,$(11111011)_2 = 251$,$(11110111)_2 = 247$,$(11101111)_2 = 239$,$(11011111)_2 = 223$,$(10111111)_2 = 191$,$(01111111)_2 = 127$ 就可以了。

按此思路编写的程序流程框图如图 1-4 所示。

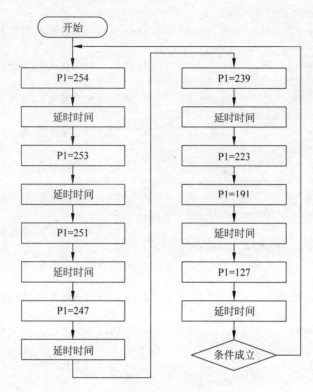

图 1-4　优化的流水灯程序流程框图

优化过的程序——流水灯程序二如下：

```
#include <AT89X51.h>              //预处理命令
void main(void)                    //主函数名
{
    unsigned int a;                //定义变量 a 为 int 类型
    do{
        P1 = 254; //点亮 LED1
        for (a=0; a<10000; a++)
        P1 = 253; //点亮 LED2
        for (a=0; a<10000; a++)
        P1 = 251; //点亮 LED3
        for (a=0; a<10000; a++)
        P1 = 247; //点亮 LED4
        for (a=0; a<10000; a++)
        P1 = 239; //点亮 LED5
        for (a=0; a<10000; a++)
        P1 = 223; //点亮 LED6
        for (a=0; a<10000; a++)
        P1 = 191; //点亮 LED7
        for (a=0; a<10000; a++)
        P1 = 127; //点亮 LED8
        for (a=0; a<10000; a++)
    }
```

```
        while(1);
}
```

经过优化以后,程序短小了很多。再仔细查看这些数值,发现这些数值之间是有关联的,它们是以 1、2、4、8、16、32、64 的差值递减的。因此只要确定第 1 次赋值数据是 254,其他几次就都可以推算出来。还可以用循环语句再次优化上述程序,见流水灯程序三。

流水灯程序三的程序流程框图如图 1-5 所示。

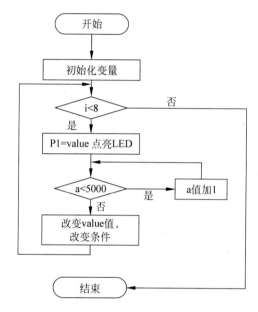

图 1-5　循环语句实现流水灯程序流程框图

流水灯程序三如下：

```
#include <AT89X51.h>              //预处理命令
void main(void)                   //主函数名
{   unsigned int a,i,value,dec;   //定义变量 a 为 int 类型
    do{
        value=254;
        dec=1;
        for(i=0;i<8;i++){
            P1 = value;           //点亮 LED
            for (a=0; a<5000; a++)//5000 次空循环,消耗时间
            value=value-dec;
            dec=dec*2;
        }
    }while(1);
}
```

该程序的理解难点在于使用了以下语句。

```
for(i=0;i<8;i++){
    P1 = value;                   //点亮 LED
```

```
    for (a=0; a<5000; a++)         //延时时间作用
    value=value-dec;
    dec=dec*2;
}
```

这里循环 8 次是因为有 8 只 LED 灯需要点亮,我们采用一次循环点亮一只灯。而且刚开始 value=254,每循环一次减 dec,而 dec 变量的值以 1、2、4、8、16、…的幂次方式减小,正好符合流水灯的显示效果。

以上共 3 段程序实现的都是同一个效果——流水灯,但实现方法不一样,理解起来,第 1 段最容易,第 2 段次之,第 3 段最难。相比较而言,第 1 段是最"笨"的办法,最"笨"的办法同时也是书写程序量最多的办法;第 3 段最灵活,也是最需要程序编写技巧且最能体现出程序控制的优势。

以上 3 段程序任何一个编写完毕并在 Keil 中编译通过后,即可参照下文中流水灯的仿真过程在仿真软件 Proteus 中仿真运行,仿真成功即可证明程序及硬件电路原理图是正确的。现在,我们即可按照元器件清单亲自动手制作流水灯了。

四、仿真项目

程序编写好,在 Keil 编译环境编译通过后,为了提高实际制作电路板的成功率,我们建议先用 Proteus 仿真软件仿真一遍,以确保该项设计在理论上是成功的。仿真步骤如下。

1. 启动 Proteus 仿真软件

启动成功后 Proteus 的界面如图 1-6 所示。

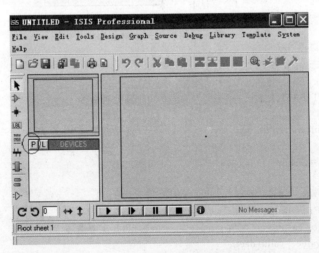

图 1-6 Proteus 仿真软件启动成功界面

2. 从 Proteus 仿真软件的元器件库里选出此次仿真需要用到的元器件

此次仿真需要用到的元器件有 AT89C51 芯片、LED 灯、电阻。从元器件库选取器件的方法是单击"P"按钮,如图 1-6 所示,然后在弹出的窗口中的"Keywords"文本框中输入需要的器件名称的前几个字母,如找 AT89C51 芯片就输入 AT89,找 LED 灯就输入 led,找电阻就输入 res,如图 1-7 所示。找出所有元器件并按电路原理图的连接方式把电路连接起来,如图1-8所示。注意在仿真软件里单片机的晶振电路、复位电路等最小系统中的电路都可以省略。

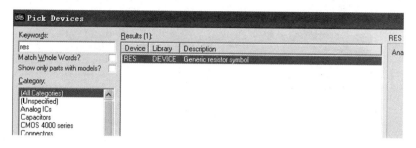

图1-7 找仿真元器件

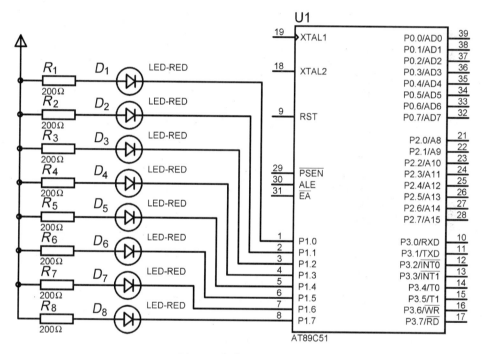

图1-8 仿真电路连接图

3. 加载编译好的程序

单击鼠标右键选中原理图中的CPU,通过左击选中的CPU调出如图1-9所示的属性对话框。

在"Program File"框中选中编译好的"liushui.hex"文件(本书中,流水灯项目编译后的文件名为"liushui.hex"),将其调入。

4. 进行仿真运行

单击Proteus编辑界面中的左下角的运行按钮 ▶ ,这时可以看到8路流水灯的点亮状况,如图1-10所示。

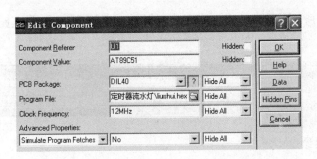

图 1-9 在仿真软件中添加程序

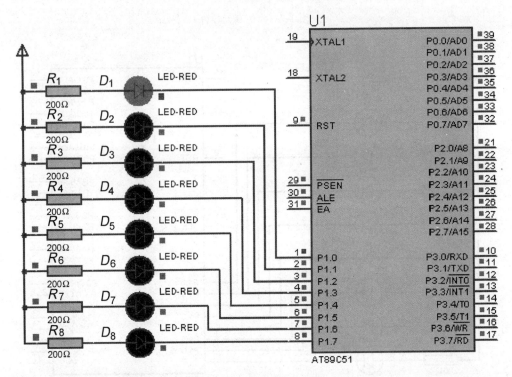

图 1-10 仿真软件运行结果

五、制作电路板

从电路的原理图到电路板其实是一个"创作",很多时候我们会忽略这一点,觉得从原理图到电路板是很自然的转变,好像所有人都应该会制作。其实这是一个错误的认识,而且确实很多学习者在这里会被卡住,不认识元器件,也不会使用,更不知如何布置这些元器件,以及元器件之间如何走线。在本书中,我们建议学习者不制作 PCB 电路板,而是购买通用板,自己焊接完成制作。

我们认为用通用板制作时,主要把握两点,依据一条规律。

把握的两点是:

① 考虑元器件在通用板上布局的美观、方便、自然,相关的元器件尽量在分布上也相近。

② 考虑元器件走线的需要,要预留走线的空间。

依据一条规律是:

走线时,线路尽量走元器件的背面,如果非走正面不可,那就依据"正面走横线,背面走竖线"的原则,遵循这个原则再复杂的线路也能把线路排出来。

流水灯项目的电路板,我们采用模块化考虑,单片机最小系统专门制作一块板,4个I/O端口当需要时用排针引出。8只LED灯及相关元器件制作在另一块板上。

单片机最小系统板的制作在项目准备中已经介绍过,这里不再做重点叙述,这里重点介绍LED灯电路板的焊制。

流水灯显示电路的连接图如图1-11所示,其中J1为8针的排针,可以通过排线与单片机最小系统板的P1口相接,J2为2针的排针,为电源接口,由于流水灯显示电路中的元器件无须接地,因此J2只与电源正端相连。

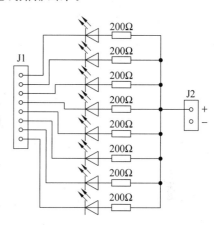

图1-11 流水灯显示电路连接图

制作步骤:

① 在通用板的合适位置放置8只LED管,注意识别LED灯的阳极、阴极,把阳极朝向同一方向。LED灯实物图如图1-12所示,其中长脚的为阳极、短脚为阴极。

② 在LED灯的阳极放置方向与LED灯对应合适位置放8只限流电阻,并把LED灯管脚、电阻脚焊接起来。

③ 在电阻的另一面上放2针的电源排针作为电源的引脚。

④ 在LED灯的阴极面放置8针的排针,然后每一针与LED灯的阴极相连接。

焊制成功的电路板如图1-13所示。

图1-12 LED发光二极管实物图

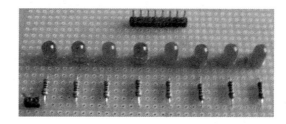

图1-13 流水灯显示电路实物图

六、I/O端口知识及程序解析

MCS-51单片机共有4个双向的8位I/O口P0~P3,实际上它们已经被引入特殊功能寄存器之列。P0口负载能力为8个TTL电路,P1~P3口负载能力为4个TTL电路。在单片机中,I/O口是一个集数据输入缓冲、数据输出驱动及锁存等多项功能于一体的输入/输出电路。4个I/O口在电路结构上基本相同,但又各具特点,因此在功能和使用上各口之间有一定的差异。

(1) P0 口

输出驱动电路由于上、下两只场效应管,形成推拉式的电路结构,因而负载能力较强,能以吸收电流的方式驱动 8 个 TTL 输入负载。在实际应用中,P0 口经常作地址总线的低 8 位及数据总线复用口。在接口设计时,对于 74LS 系列、CD4000 系列及一些大规模集成电路芯片(如 8155、8255、AD574 等)都可以直接接口;对于一些线性元件,特别是键盘、码盘及 LED 显示器等,应尽量加驱动部分。

(2) P1 口

P1 口的负载能力不如 P0 口,能以吸收或输出电流的方式驱动 4 个 LS 型的 TTL 负载。在实际应用中,P1 口经常用做 I/O 扩展口。在接口设计时,对于 74LS 系列、CD4000 系列及一些大规模集成电路芯片(如 8155、8255、MC14513 等)都可以直接接口;对于一些线性元件,特别是键盘、码盘及 LED 显示器等,应尽量加驱动部分。

(3) P2 口

P2 口的负载能力不如 P0 口,但和 P1 口一样,能以吸收或输出电流的方式驱动 4 个 LS 型的 TTL 负载。在实际应用中,P2 口经常用做高 8 位地址和 I/O 口扩展的地址译码。在设计接口时,对于 74LS 系列、CD4000 系列及一些大规模集成电路芯片(如 74LS138、8243 等)都可以直接接口。

(4) P3 口

P3 口的负载能力不如 P0 口,但和 P1、P2 口一样,能以吸收或输出电流的方式驱动 4 个 LS 型 TTL 负载。在实际应用中,P3 口经常用做中断输入、串行通信口。在设计接口时,对于 74LS 系列、CD4000 系列及一些大规模集成电路芯片(如 74LS164、74LS165 等)都可以直接接口。

在本项目中我们用到 P1 端口的 8 个引脚作为输出引脚,它们分别是 P1_0、P1_1、P1_2、P1_3、P1_4、P1_5、P1_6、P1_7。Keil 软件提供了一个头文件 AT89X51.h,该文件内部定义了许多专用变量,极大地方便了用户写程序,该文件在 Keil 软件的安装目录下的\C51\INC\ATMEL\,用户可以自己打开查看 Keil 公司究竟为我们定义了哪些变量。在编写 C51 程序时,可以使用 #include <AT89X51.h> 语句把 AT89X51.h 头文件包含到我们当前的项目中,然后当我们需要操作单片机的某些硬件时,就可以直接使用这些已经被定义的专用变量。如在本项目中,我们用到了 P1_0、P1_1、P1_2、P1_3、P1_4、P1_5、P1_6、P1_7 等表示 P1 端口的 8 只引脚,见程序。

```
#include <AT89X51.h>              //预处理命令
void main(void)                    //主函数名
{
    unsigned int a;                //定义变量 a 为 int 类型
    do{
        for (a=0; a<10000; a++)
        P1_0 = 0;                  //设 P1.0 口为低电平,点亮 LED
        for (a=0; a<10000; a++)
        P1_0 = 1;                  //设 P1.0 口为高电平,熄灭 LED
        for (a=0; a<10000; a++)
```

```
            P1_1 = 0;                    //设 P1.1 口为低电平,点亮 LED
            for(a=0;a<10000;a++)
            P1_1 = 1;                    //设 P1.1 口为高电平,熄灭 LED
            …
        }
        while(1);
}
```

在程序中我们设置 P1_0＝0 就表示设置 P1_0 引脚输出低电平,再结合硬件电路可知第 1 只 LED 灯被点亮了。for(a＝0;a<10000;a++),这是一个 C51 的 for 循环,它的循环体是一条空语句,即 CPU 不做任何事情,让它循环 10000 次的目的就是耗费 CPU 时间以达到延时时间的目的,循环的次数多少决定了延时时间的长短。同理,设置 P1_1＝1 就表示设置 P1_1 引脚输出高电平,再结合硬件电路可知,第 1 只 LED 灯所在的电路不导通,所以第 1 只 LED 灯就被熄灭了。同理类推,其他引脚的程序都依据此原理而编写。

在本项目中,我们使用了两种循环语句:for 语句和 do-while 语句。

for 语句是使用较广泛的一种循环语句。其一般形式为

for(表达式 1;表达式 2;表达 3)
语句;

表达式 1　通常用来给循环变量赋初值,一般是赋值表达式。也允许在 for 语句外给循环变量赋初值,此时可以省略该表达式。

表达式 2　通常是循环条件,一般为关系表达式或逻辑表达式。

表达式 3　通常可用来修改循环变量的值,一般是用于改变循环变量值。

for 语句的语义是:

① 首先计算表达式 1 的值。

② 再计算表达式 2 的值,若值为真(非 0)则执行循环体一次,否则跳出循环。

③ 再计算表达式 3 的值,转回第②步重复执行。在整个 for 循环过程中,表达式 1 只计算一次,表达式 2 和表达式 3 则可能计算多次。循环体可能多次执行,也可能一次都不执行。

本项目中 for 语句是 for(a＝0;a<10000;a++),其中表达式 1 就是 a＝0,表达式 2 就是 a<10000,表达式 3 就是 a++,循环体就是空语句;根据语法可知,此 for 语句目的便是让 CPU 执行 10000 次循环。

do-while 语句的一般形式为

do
   语句;
while(表达式);

其中语句是循环体,表达式是循环条件。

do-while 语句的语义是:先执行循环体语句一次,再判别表达式的值,若为真(非 0)则继续循环,否则终止循环。

使用do-while语句应注意以下两点：
① 在do-while语句的表达式后面必须加分号。
② 在do和while之间的循环体由多个语句组成时，必须用{}括起来组成一个复合语句。

在本项目中，我们用do-while语句构成程序的主结构，循环体就是设置各个引脚电平及实现延时的语句。由于这个循环体由多条语句组成，因而可以看到do和while之间的语句由一对{}括起来。另外，我们注意到这里的while语句的循环条件是1(非0)也即永远为真，表示总是循环着直到单片机断电，这也满足街边的霓虹灯只要有供电就总能不停工作的要求。

任务三 利用硬件定时实现流水灯

在上面实现流水灯程序中有个延时时间的方法，即采用空循环语句法，这种方法的不足之处是时间不是很准确。如果要求高一些，延时时间需要一个准确的时间，比如0.5s，这种方法就不是一个好的方法了，较好的方法是使用定时器或中断来编写程序。在这里我们用定时器方式来实现准确时间控制的流水灯。

要求：修改8路流水灯的间隔时间为标准0.5s，而且已知此单片机系统的晶振频率为12MHz，其他不变。

我们以流水灯程序三为基础加上定时器控制修改成流水灯程序四。

```c
#include<AT89X51.h>                //预处理命令
void main()
{
    unsigned int i,j,value,dec;
    TMOD=0X01;
    TH0=0X3C;
    TL0=0XB0;
    TR0=1;
    do{
        value=254;
        dec=1;
        for(i=0;i<8;i++){
            P1=value;              //点亮LED
            for(j=0;j<10;j++)      //循环10次，每次定时50ms，总共0.5s
            {
                while(TF0!=1);
                TH0=0X3C;
                TL0=0XB0;
                TF0=0;
            }
            value=value-dec;
```

```
            dec=dec*2;
        }
    }while(1);
}
```

MCS-51 系列单片机内部有两个 16 位定时器/计数器,即定时器 T0 和定时器 T1。它们都具有定时和计数功能,可用于定时或延时控制,对外部事件进行检测、计数等。可通过编程设定任意一个或两个定时器工作,并使其工作在定时/计数方式。

1. 定时器知识

定时器的工作原理如下。

定时器/计数器是一个加"1"计数器,来一脉冲即进行加 1 计数,直至计数器的各位全为 1,再来一脉冲,计数器回 0 且使 TF0(定时器 T0)和 TF1(定时器 T1)置 1,表示定时时间到,计数值乘以单片机的机器周期就是定时时间。输入的脉冲有两个来源,一个来自系统的时钟振荡器输出脉冲经 12 分频后,另一个是 T0 或 T1 端输入的外部脉冲。作定时器用时,脉冲来自系统的时钟振荡器经 12 分频后。

学习使用定时器只需明白以下 3 点即可:

① 掌握两个重要寄存器:TMOD 和 TCON 中各个位所代表的功能。

② 明白 TH0、TL0、TH1、TL1 4 个 8 位寄存器的作用。

③ 掌握一个定时时间的计算公式:定时时间=(2^x-初值)×机器周期。

1) TMOD 和 TCON 寄存器

首先学习 TMOD 寄存器的作用,它用于设置定时器的工作方式。它由 8 位二进制位组成,低 4 位用于控制 T0 定时器,高 4 位用于控制 T1 定时器,如图 1-14 所示,我们以低 4 位为例介绍各个位的功能。明白低 4 位所代表的含义就明白了高 4 位的含义了,因为它们的含义是相通的。

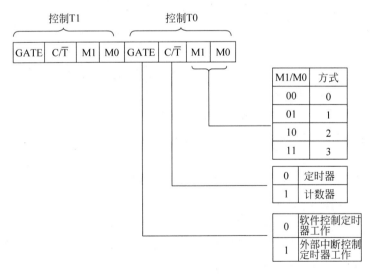

图 1-14 TMOD 寄存器的位

(1) GATE 位

GATE 位称为门控位,它是用于设置定时器由"谁"启动或停止工作。

① 当(GATE)=0 时,允许软件控制位 TR0 或 TR1 启动定时器。

② 当(GATE)=1 时,允许外部中断引脚电平启动定时器,即 $\overline{INT0}$(P3.2)和 $\overline{INT1}$(P3.3)引脚分别控制 T0 和 T1 的运行。

(2) 功能选择位 C/$\overline{T}$

① 当(C/$\overline{T}$)=0 时,设置定时器/计数器的功能为定时功能。

② 当(C/$\overline{T}$)=1 时,设置定时器/计数器的功能为计数功能。

(3) 四种工作方式

方式 0,M1M0=00,满计数值 2^{13},初值不能自动重装,计数器满后需手动赋初值。

方式 1,M1M0=01,满计数值 2^{16},初值不能自动重装,计数器满后需手动赋初值。

方式 2,M1M0=10,满计数值 2^8,初值自动重装。

方式 3,M1M0=11,T0:分成两个 8 位计数器;T1:停止计数。

接下来学习寄存器 TCON 的作用。TCON 也是一个 8 位的寄存器,高 4 位存放定时器的运行控制位和溢出标志位,低 4 位存放外部中断的触发方式控制位,如图 1-15 所示。

TCON	8FH	8EH	8DH	8CH	8BH	8AH	89H	88H
(88H)	TF1	TR1	TF0	TR0	IE1	IT1	IE0	IT0

用于中断(IE1、IT1、IE0、IT0)

图 1-15 TCON 寄存器

TCON 的低 4 位用于中断控制,这里暂时不解释,这里重点解释用于定时器控制的高 4 位。

(1) 涉及控制定时器 T0 控制的有 TR0 和 TF0 两位

当 TR0 位置 1 时,表示启动定时器 T0 工作;当置 TR0 为 0 时,表示停止定时器 T0 工作。

当定时器 T0 的定时时间到时,由硬件自动置 TF0 为 1,因此我们可以通过查看该位是否为 1 确定定时时间是否到了。

(2) 涉及控制定时器 T1 控制的有 TR1、TF1 两位

当 TR1 位置 1 时,表示启动定时器 T1 工作;当置 TR1 为 0 时,表示停止定时器 T1 工作。

当定时器 T1 的定时时间到时,由硬件自动置 TF1 为 1,因此我们可以通过查看该位是否为 1 确定定时时间是否到了。

2) TH0、TL0、TH1、TL1 寄存器

TH0 和 TL0 是用于 T0 定时器计数用的,TH0 和 TL0 两个 8 位寄存器因定时器 0 工作方式的不同而组成不同位数的计数器。

T0 定时器方式 0 工作时,由 TH0 的 8 位+TL0 的低 5 位组成一个 13 位计数器。当 T0 定时器工作时,每来一脉冲 TL0 的低 5 位就进行加 1,当 TL0 中的低 5 位寄存器计数

计满进位时,使 TH0 增 1,同时 TL0 低 5 位清 0,如此当 TH0 溢出时把 TF0 置 1,表示定时时间到。

T0 定时器方式 1 工作时,由 TH0 的 8 位+TL0 的 8 位组成一个 16 位计数器。当 T0 定时器工作时,每来一脉冲 TL0 就进行加 1,当 TL0 计数计满进位时,TH0 增 1,同时 TL0 清 0,如此当 TH0 溢出把 TF0 置 1,表示定时时间到。

T0 定时器方式 2 工作时,与方式 1 工作相似,区别只是仅由 TL0 组成一个 8 位计数器。当 T0 定时器工作时,每来一脉冲 TL0 就进行加 1,当 TL0 计满溢出时置 TF0 为 1,表示定时时间到。

T0 定时器方式 3 工作时,T0 定时器分化为两个独立的 8 位定时器,TH0、TL0 分别为两个独立定时器当计数器使用。

TH1、TL1 是用于 T1 定时器计数用的,与 TH0、TL0 类似 TH1、TL1 两个 8 位寄存器因定时器 1 工作方式的不同而组成不同位数的计数器。

T1 定时器方式 0 工作时,由 TH1 的 8 位+TL1 的低 5 位组成一个 13 位计数器。当 T1 定时器工作时,每来一脉冲 TL1 的低 5 位就进行加 1,当 TL1 中的低 5 位寄存器计数计满进位时,使 TH1 增 1,同时 TL1 低 5 位清 0,如此当 TH1 溢出时把 TF1 置 1,表示定时时间到。

T1 定时器方式 1 工作时,由 TH1 的 8 位+TL1 的 8 位组成一个 16 位计数器。当 T1 定时器工作时,每来一脉冲 TL1 就进行加 1,当 TL1 计数计满进位时,TH1 增 1,同时 TL1 清 0,如此当 TH1 溢出把 TF1 置 1,表示定时时间到。

T1 定时器方式 2 工作时,与方式 1 工作相似,区别只是仅由 TL1 组成一个 8 位计数器。当 T1 定时器工作时,每来一脉冲 TL1 就进行加 1,当 TL1 计满溢出时置 TF1 为 1,表示定时时间到。

注意:T1 定时器不能工作在方式 3。

3)学习定时时间的计算

定时时间的计算公式:

$$定时时间 = (2^x - 初值) \times 机器周期$$

这里 x 的值由定时器的工作方式决定,详见表 1-2。

表 1-2 定时器计算公式 x 值与工作方式对应表

定时器工作方式	x 的值	定时器工作方式	x 的值
方式 0	13	方式 2	8
方式 1	16	方式 3	8

$$机器周期 = \frac{12}{系统晶振频率}$$,如果系统晶振频率为 12MHz,可算出机器周期为 1μs。

一般来说在使用定时器时,需要的定时时间是已知的,对于一个确定的单片机来说,机器周期也是已知的,而且在确定选用定时器的工作方式后,2^x 也是已知的。所以,实际需要确定的是初值,也即真正使用的公式是这个公式的变形公式:

$$初值 = 2^x - \frac{定时时间}{机器周期}$$

计算出初值后,该初值即被赋予由 TH0、TL0 或 TH1、TL1 组成的计数器作初始值。

2. 程序分析

要使用单片机的定时器,首先要设置定时器的工作方式,然后给定时器的计数器赋初值,也称为定时器的初始化。这里选择定时器 0,工作于定时方式,工作方式为方式 1。确定 TMOD 寄存器各位的值过程如下。

由于我们选择了定时器 0,因而可确定 TMOD 的高 4 位值不用,可设置为全 0,工作方式在方式 1,因而可确定 M1、M0 两位分别为 0、1;又由于是定时工作,因而可确定 C/T 位的值为 0,因不用门控位 GATE,所以该位的位值也为 0。因此,TMOD 的值为 $(00000001)_2$,转换为十六进制为 0x01,如图 1-16 所示。

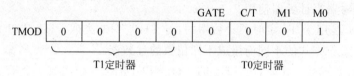

图 1-16 TMOD 的值

接下来计算定时器的初始值。

根据公式可知当初值为 0 时,定时时间将是最大,而且可以算出:

$$最大定时时间 = 65536 \times 1\mu s = 65.536 ms$$

而在这里我们要求定时时间是 0.5s,即 500ms,可见这个时间超过了定时器最大定时时间,因此直接使用定时器定时 0.5s 是不行的,必须采取辅助办法。

在这里我们采用办法是:让定时器定时 50ms 时间,然后让这个定时器工作 10 次,每次工作 50ms 总共时间就是 500ms。

由于工作在定时器的方式 1,因而可知 x 的值为 16,定时时间为 50ms,代入公式得

$$初值 = 2^{16} - \frac{50ms}{1\mu s} = 65536 - 50000 = 15536 = (1111100010110000)_2 = 0x3cb0$$

在这里我们必须注意,TH0、TL0、TH1、TL1 这四个 8 位寄存器的使用还与定时器的工作方式有关,详细使用方式如下。

① 方式 0 为 13 位定时器/计数器,计数寄存器由 TH0(或 TH1)的全部 8 位和 TL0(或 TL1)的低 5 位构成,TL0(或 TL1)的高 3 位不用。在给计数寄存器 TH0、TL0(或 TH1、TL1)赋初值时,应将计算得到的计数初值转换为二进制数,然后按其格式将低 5 位二进制置入 TL0(或 TL1)的低 5 位,TL0(或 TL1)的高 3 位都可设为 0,而计数初值的高 8 位则置入 TH0(或 TH1)中。

② 方式 1 和方式 0 的差别仅在于计数器的位数不同。方式 1 为 16 位的计数器,即 TH0 的 8 位和 TL0 的 8 位。

③ 在方式 2 中,16 位计数器被拆成两个部分:TL0 用做位计数器;TH0 用来保存计数初值。在程序初始化时,由软件赋予同样的初值。在操作过程中,一旦计数溢出,便置位 TF0,并将 TH0 中的初值再装入 TL0,从而进入新一轮的计数,如此循环重复不止。这种工作方式可以避免在程序中因重新装入初值而对定时精度产生的影响,适用于需要产生相当精度的定时时间的应用场合,常用做串行口波特率发生器。

④ 方式 3 的作用比较特殊,只适用于定时器 T0。如果企图将定时器 T1 置为方式 3,则它将停止计数,其效果与置 TR1＝0 相同,即关闭定时器 T1。当 T0 工作在方式 3 时,它被拆成两个独立的 8 位计数器 TL0 和 TH0,在方式 3 下,TH0 只能用做简单的内部定时,不能用做对外部脉冲进行计数,是定时器 T0 附加的一个 8 位定时器。

在本项目中已知选用定时器 0 且工作在方式 1 使用的是两个 8 位寄存器。而且是低 8 位给 TL0,高 8 位给 TH0。可知 TH0＝0x3c,TL0＝0xb0。据此我们可写出定时器初始化程序：

```
TMOD=0x01;
TH0=0x3c;
TL0=0xb0;
```

再接下来,初始化定时器后,要定时器工作,必须将 TR0 置 1,程序中用"TR0＝1;"来实现。

在前边我们分析过,为了使定时器能定时 0.5s,我们采取的办法是每次定时 50ms,定时 10 次。写出来的程序就是：

```
for(j=0;j<10;i++)                //循环 10 次,每次定时 50ms,总共 0.5s
{
    while(TF0!=1);
    TH0=0x3c;
    TL0=0xb0;
    TF0=0;
}
```

while(TF0!＝1);语句的作用是查询定时器的定时标志位 TF0 是否为 1,如果不是 1 表示定时时间没到,继续等待。

```
TH0=0x3c;
TL0=0xb0;
TF0=0;
```

以上三条语句在 for 循环中的作用是,当 50ms 定时时间到了以后,给定时器的 TH0、TL0 重新赋初值,同时清除定时标志位 TF0,以便定时器下一次工作。

任务四 拓展训练

前文中我们设计了采用两种方式实现的流水灯,一种是时间控制不是很准确的流水灯；另一种是采用定时器实现精确控制 LED 灯闪烁时间。两种流水灯的显示样式比较单一,都是从一端流向另一端。现在我们希望能在原来基础上增加新的功能。

一、增加显示花式

训练目的：
此项训练重在训练学习者对硬件电路的理解和应用能力,以及在不改变硬件电路的情况下用程序增加功能的能力。

(1) 花式1

要求：写程序并在自己的电路板上调试通过，实现流水灯从一端显示到另一端，显示到底时，反过来，从终端显示到开始端。

(2) 花式2

要求：写程序并在自己的电路板上调试通过，实现流水灯从两端同时往中间显示，到中间后又分别往两端显示回去。

(3) 花式3

要求：写程序并在自己的电路板上调试通过，实现流水灯从一端依次亮起到另一端，到底后，从另一端依次熄灭到开始端。

二、改变闪烁频率

训练目的：

此项训练重在检验学习者对定时器的理解及应用能力，锻炼学习者在选择定时器不同工作方式下编写定时器初始化程序的能力。

(1) 时间控制方式1

要求：写程序并在自己的电路板上调试通过，实现流水灯从一端依次亮起到另一端过程中，灯显示速度越来越快。（要求使用定时器实现）

(2) 时间控制方式2

要求：分别使用定时器工作方式0～工作方式2实现定时间隔0.5s流水灯。

(3) 时间控制方式3

在AT89C51单片机的P1.0、P1.1、P1.2三个端口上分别接有一个发光二极管D1、D2、D3，编程使得三个发光二极管的闪烁时间为1s、2s、6s。

知识训练

1. 利用定时器T0的方式0，产生10ms的定时，已知系统时钟频率为6MHz。请给出TMOD的值，计算出计数器的初始值，并写出如何给TH0、TL0赋值。

2. 利用定时器/计数器T1的方式1，产生100ms的定时，已知系统时钟频率为6MHz，请给出TMOD的值，计算机出计数器的初始值，并写出如何给TH1、TL1赋值。

3. 设8051系统的晶振频率为6MHz，要求用定时器T0方式1，定时时间为130ms，请写出TMOD的内容并计算计数寄存器初值。

PROJECT 2

时钟的设计与制作

需要掌握的理论知识:
- 明白7段荧光数码管发光原理。
- 明白7段荧光数码管是如何构成0~9十种数字的显示效果的。
- 理解共阴极数码、共阳极数码管的分类方法。
- 理解数码管显示0~9数字时对应的二进制电平信号(共阴数码管和共阳数码管有区别)。
- 理解数码管动态扫描显示原理及实现方法。
- 知道独立式按键、矩阵式按键概念及其适用的场所。
- 理解矩阵式键盘按键识别原理及方法。

需要掌握的能力:
- 能计算出共阴或共阳数码管显示0~9数字时所对应的二进制电平。
- 能编写单个数码管显示0~9数字的程序。
- 能理解多个数码管动态扫描显示的程序并能模仿编写扫描程序。
- 能理解矩阵按键扫描识别程序并能模仿编写自己的扫描程序。

任务一 明确时钟设计要求

在本项目中我们要带领大家一起设计制作基于51单片机的时钟,依据从简单到复杂的顺序,在项目中我们分了三个任务:制作简易时钟,制作闹钟,制作一个具有倒计时、多次闹铃功能的时钟。

简易时钟(其实物图见图 2-1)的功能比较单一,它采用 8 位数码管显示时间,如"23-59-57"表示 23 点 59 分 57 秒,时钟的计时功能依托单片机的定时器实现。

闹钟的功能是在简易时钟基础上增加一个检测功能、一个键盘输入功能,单片机记住一个闹铃时间,当时间走到该时间点后即启动蜂鸣器。

最后一个任务是个拓展任务,要求在闹钟基础上增加多次闹铃功能、一个倒计时功能。

图 2-1 时钟实物图

任务二 设计制作简易时钟

在这里我们将给出制作简易时钟所需要元器件及型号,读者可以照此购买并制作学习,给出简易时钟的硬件连接原理图,给出简易时钟的 C51 程序,再说明仿真软件仿真操作过程,最后是结合本次任务介绍相关知识,如 LED 数码管显示知识及有关程序的解释等。

一、选择元器件

表 2-1 列出制作简易时针所需的元器件。

表 2-1 简易时钟所需的元器件

序号	名称	型号/参数	数量
1	4 位共阳数码管		2
2	电阻	300Ω	8
3	IC 芯片	74LS245	1
4	三极管	PNP8550	8
5	电阻	1kΩ	8
6	单孔板	/	1
7	复位开关	/	1
8	IC 底座	20 脚	1
9	IC 底座	8 脚	2
10	排针	/	2 排 18 针
11	导线	/	若干
项目一中所做的单片机最小系统板 1 块			

二、设计硬件电路

图 2-2 所示的硬件连接图中用到 74HC245 芯片,其起的都是电流放大作用。由于单片机端口的输出信号的驱动能力并不是很强,为了增强信号的驱动能力,经过 74HC245

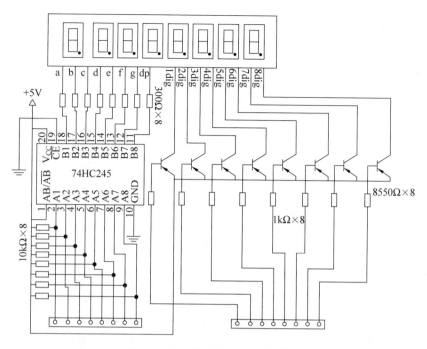

图 2-2 简易时钟显示电路原理图

芯片的放大即可；8 只 PNP 型 8550 三极管是作开关用配合选通引脚，当某一只引脚输出低电平时，其所接的三极管便导通，使得该管所接的引脚信号传送到数码管的引脚上。

图 2-3 所示的硬件连接表示了简易时钟工作时的连接图，其中单片机 J0 口中的 A～H 脚与显示电路 P0 口中的 A～H 脚一一对应连接，单片机 J2 口中的 1～8 脚与显示电路 P2 口中的 1～8 脚一一对应连接。

三、设计程序

设计程序时，我们遵循自顶向下设计的原则，先设计好程序总体运行时的逻辑框图，在此阶段，我们可以不考虑具体实现的细节，以免影响整体设计思路。我们设想的思路是：开始运行时先初始化要显示的时间，然后显示时间的秒值，延时 5ms，再显示时间的分值，延时 5ms，再显示时间的小时值，延时 5ms，再显示时间之间的分隔符，延时 5ms，最后调整时间，再返回显示时间的秒值处，再开始下一轮显示过程。主体程序结构框图如图 2-4 所示。

从该示意图可看出，这是一个非常粗略的逻辑图，其中还有很多细节需要商定，我们无法直接根据该图写出程序。比如显示秒、分、小时需要一个函数来完成，延时 5ms 又需要一个单独的延时函数，显示分隔符也需要一个单独函数显示，最后调整时间功能也需一个单独函数来实现。这些函数就是整个程序的主要内容，也是实现的细节，更是实现的关键。这里我们先不谈如何详细实现，把这些内容放到后面"LED 数码管显示知识及程序编写知识"的程序解析处解释，先把完整程序代码呈现出来，学习者可以先仿照代码实现它，再结合后面的解释理解程序内容及写法。

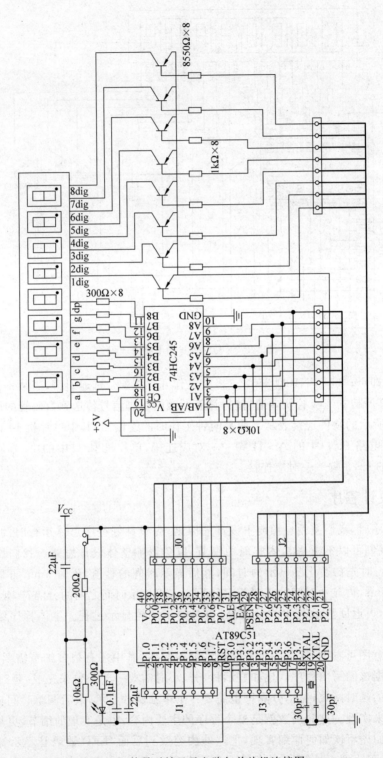

图 2-3 简易时钟显示电路与单片机连接图

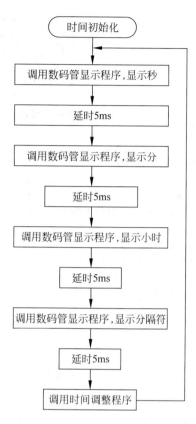

图 2-4　主体程序结构框图

```
#include<AT89X51.h>
#define uint unsigned int
#define uchar unsigned char
uint time_t;                                    //毫秒统计值
uchar hour,min,sec;                             //数码管显示值,分别代表小时,分,秒
uchar code led[10]={0xfc,0x60,0xda,0xf2,
0x66,0xb6,0xbe,0xe0,0xfe,0xf6};                 //数码管显示 0~9 的字型码
/**********************************/
//函数名：delay_1ms(uint x)
//功能：利用定时器 0 精确定时 1ms；程序中自加 time_t 的值为后面时间调整函数 time_take()服务
//调用函数：无
//输入参数：x 毫秒为单位
//输出参数：
//说明：延时的时间为 1ms 乘以 x
/**********************************/
void delay_1ms(uint x)
{
    TMOD=0x01;                                  //开定时器 0,工作方式为 1
    TR0=1;                                      //启动定时器 0
    while(x--)
    {
```

```
            TH0=0xfc;                       //定时1ms初值的高8位装入TH0
            TL0=0x18;                       //定时1ms初值的低8位装入TL0
            while(!TF0);                    //等待,直到TF0为1
            TF0=0;
            time_t++;                       //毫秒统计值自加1
        }
        TR0=0;                              //停止定时器0
}
/************************************/
//函数名: display_num(uchar num,dis_w)
//功能:数码管显示
//调用函数: delay_1ms(uint x)
//输入参数: num,2位的整数,dis_w,二进制位上为1位显示
//输出参数:
//说明: P0口做数码管段选,P2口做位选
//通过dis_w的值确定num值在数码管上显示的位置
/************************************/
void display_num(uchar num,dis_w)
{
    uchar j;
    for(j=0;j<2;j++)
    {
        P0=0xff;                            //段选口置高,消影
        P2=~dis_w;                          //装入位选值
        if(j>0)
            P0=~led[num/10];                //显示num值的十位上数字
        else
            P0=~led[num%10];                //显示num值的个位上数字
        dis_w=dis_w<<1;
        delay_1ms(5);                       //延时5ms
    }
}
/************************************/
//函数名: display_char()
//功能:显示时间分隔符"-"
//调用函数: delay_1ms(uint x)
//输入参数:
//输出参数:
//说明:
/************************************/
void display_char()
{
    P0=0xff;                                //段选口置高,消影
    P2=~0x24;
    P0=~0x02;                               //显示字符"-"
    delay_1ms(5);                           //延时5ms
}
/************************************/
//函数名: time_take()
```

```
//功能：调整时间
//调用函数：
//输入参数：
//输出参数：
//说明：通过 time_t 的值调整个时间单位,24 小时制
/********************************/
void time_take()
{
    if(time_t>=1000)                  //当总延时数为 1s 时
    {
        time_t=0;                     //time_t 清零
        sec++;                        //秒加 1
        if(sec==60)                   //当秒值等于 60 时
        {
            sec=0;                    //秒值清零
            min++;                    //分加 1
            if(min==60)               //当分等于 60 时
            {
                min=0;                //分清零
                hour++;               //小时加 1
                if(hour==24)          //当小时等于 24 时
                hour=0;               //小时清零
            }
        }
    }
}
void main()
{
    sec=56;
    min=59;
    hour=23;                          //时间初始化
    while(1)
    {
        display_num(sec,0x01);        //显示秒
        display_num(min,0x08);        //显示分
        display_num(hour,0x40);       //显示小时
        display_char();               //显示分隔符"-"
        time_take();                  //调用时间调整程序
    }
}
```

四、仿真项目

我们利用所提供的硬件电路图及程序就可以在 Proteus 仿真软件下进行虚拟仿真了。此虚拟仿真软件能极为逼真地仿真单片机应用程序的运行结果,在其仿真下,我们完全可以验证程序的正确性。一般情况下只有在仿真正确前提下,我们才有必要去制作电路板实现硬件电路。

启动 Proteus 仿真软件,根据硬件电路图的连接,在 Proteus 仿真软件的元器件库中找出相应的元器件并连接起来,如图 2-5 所示。

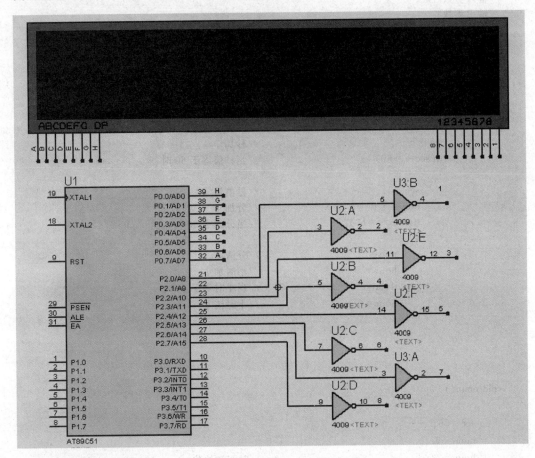

图 2-5 简易时钟仿真图

此次仿真需要用到的器件有 AT89C51 芯片、4009 反相器、8 位一体的 7 段数码管 7seg-mpx8。从元器件库选取器件的方法是单击"P"按钮,然后在弹出的窗口中输入需要的器件名称的前几个字母,如 AT89C51 芯片就输入 AT89C51,8 位一体的 7 段数码管输入 7seg-mpx8。找这些元器件时要输入元器件的名字,在输入的同时,软件会自动跳出与之相符合的元器件,所以一般只需输入前几个字母,真正需要的元器件就已经出现在窗口中了,选择该元器件就可以了。找出所有元器件后按电路原理图的连接方式把电路连接起来。

需要解释的是:此仿真图与图 2-2 所示的实际电路原理图有所不同,原因是在不影响软件执行效果情况下作了简化处理。

比如,在实际电路中从 P0 端口引出的 8 脚先通过 74HC245 芯片,然后再接到数码管的 a、b、c、d、e、f、g、h 脚,是因为要考虑电流的驱动能力。而仿真目的是为验证程序的正确性,因此在仿真图中可以不考虑这些细节,直接把 P0 口与数码管的 8 只段脚相连,减少仿真难度。

还比如，在实际电路中数码管的 8 只位选脚同时也是数码管工作时电流提供脚，因此提供 8 只 PNP 三极管作开关管既可以起选通作用，又可以提供较强的电流驱动能力。而在仿真图中用 4009 反相器替代三极管，模拟选通作用。

加载编译后程序方法如在项目一中所述一样，在此不再详述。

五、制作电路板

制作电路板所要遵循的原则如在项目一中所表述的一样。

① 考虑元器件在通用板上布局美观、方便、自然，相关的元器件尽量在分布上也相近。

② 考虑元器件走线的需要，要预留走线的空间。

走线时，线路尽量走元器件的背面，如果非走正面不可，那就依据"正面走横线，背面走竖线"原则。

在制作项目时，考虑到前面我们已完成单片机系统主板的制作，此处只需完成显示电路板。显示电路的电路原理如图 2-2 所示。

制作步骤：

① 找出 2 个 12 脚 IC 底座，放置合适位置，使得 2 个 4 位数码管插上后刚好能组成 1 个 8 位数码管。

② 确定 2 个 4 位数码管的 12 只引脚，哪 8 只脚分别控制数码管的 7 段及小数点，哪 4 只脚是位控制脚，并记住。

③ 分别把 2 个 4 位数码管相应的 a-a、b-b、c-c、d-d、e-e、f-f、g-g、dp-dp 8 对脚两两相连并引出到合适位置，称为 8 只段脚。

④ 把 2 个 4 位数码管的 8 只位选脚也分别引出到合适位置，称为 8 只位脚。

⑤ 在 8 只段脚引出处连上 8 只电阻，并通过该 8 只电阻连到 74LS245 芯片相应的 8 只引脚处。同时把 74LS245 芯片相应的另 8 只脚连出来引到 8 只排针处。

⑥ 把 8 只位脚引出连到 8 个 PNP 型三极管的 C 脚，8 个 PNP 型三极管的 E 脚连一起引到电源处，把 8 个 PNP 型三极管的 B 脚引出通过 8 个电阻连到另 8 只排针处。

焊制成功的电路板如图 2-6 所示。

图 2-6 时钟显示电路实物图

六、LED 数码管显示知识及程序解析

在设计数码管显示电路与编写显示程序时，我们需要先了解相关 LED 数码管知识。在前文叙述中，我们只介绍怎么做、程序怎么写，没介绍其中的原因与理由，这里对相关知识与理由做详细解释。

（一）数码管简介

目前常用的 7 段荧光数码管显示器（简称"数码管"）如图 2-7 所示。

7 段荧光数码管属于分段式半导体显示器件。从图 2-7 中可以看出，每个数码管都由 7 个发光段组成（小数点不包括在内）。这 7 个发光段其实就是 7 个发光二极管，它的 PN 结是由一种特殊的半导体材料——磷砷化镓做成。当外加正向电压时，发光二极管可以将电能转换为光能，从而能够发出清莹悦目的光线。

图 2-7　7 段荧光数码管

既然数码管是由 7 段发光二极管组成的，顾名思义，可以通过所加电平的高低来控制发光二极管的导通与截止。如果对这 7 个二极管进行合理地组合控制，将会得到 0~9 这 10 种数字的显示效果，如图 2-8 所示。

图 2-8　数码管的数字显示

（二）数码管的分类

1. 共阴极数码管

由图 2-9 所示原理图可以看出，7 段荧光数码管有公共的地，即 7 个发光二极管的负极全部连接在了一起，只要给想点亮的某二极管的脚高电平就可以使其发光，如 a 脚给高电平，a 数码管就点亮。这样做的好处是可以免去布线、相互间的干扰等很多麻烦。这种连接方式的数码管叫做共阴极数码管。

2. 共阳极数码管

图 2-10 所示原理图中，给出共同的正向电压，然后通过控制负极的电压来控制二极管的发光或者熄灭。如给 a 脚低电平，a 段二极管就被点亮。只要电器特性参数和芯片的驱动能力准许，通过控制负极的电压来控制二极管的发光或者熄灭。这种连接方式的数码管又叫做共阳极数码管。

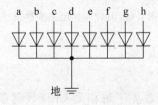

图 2-9　共阴极数码管原理图

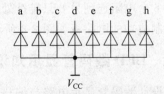

图 2-10　共阳极数码管原理图

(三) 数码管显示原理

前面已经介绍过,7 段数码管是由 7 个独立的二极管采用共阴或共阳的方法连接而成。通常将这 7 个独立的二极管做成 a、b、c、d、e、f、g 这 7 个笔划,如图 2-11 所示。

通过一个 7 位的二进制电平信号就可以控制想要的结果。例如,点亮二极管 b、c,数码管将会显示数字 1,点亮 a、b、c、d、e、f、g,数码管将会显示数字 0。每个数字对应的二进制码(共阴数码管)如表 2-2 所示。

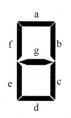

图 2-11 数码管的管脚定义

表 2-2 显示数字的管脚信号

显示数字	a	b	c	d	e	f	g
0	1	1	1	1	1	1	0
1	0	1	1	0	0	0	0
2	1	1	0	1	1	0	1
3	1	1	1	1	0	0	1
4	0	1	1	0	0	1	1
5	1	0	1	1	0	1	1
6	1	0	1	1	1	1	1
7	1	1	1	0	0	0	0
8	1	1	1	1	1	1	1
9	1	1	1	1	0	1	1

1. 静态显示

静态显示是指在显示某个字符时,相应的字段(发光二极管)一直导通或截止,直到变换为其他字符。数码管工作在静态显示方式下时,其公共极接地或接高电平。数码管的段选线(即 a、b、c、d、e、f、g、h 脚)与一个 8 位并行口相连,只要在该位的段选线上保持段选码电平,该位就能保持相应的显示字符。

静态显示的优点是显示稳定、容易理解,不足之处是需要管脚数多,1 位数码管显示需要 8 位,2 位数码管要显示就要 16 位。因此,在有多位数码管需要显示的场所一般不采用静态显示。

2. 动态扫描显示

动态显示方式是把多位数码管的各自 8 个段线(即 a、b、c、d、e、f、g、h 脚)相应并联在一起,并接到单片机的某个端口(如 P0 口),由该端口(如 P0 口)控制段码输出;而各位数码管的公共极由单片机的其他端口(如 P2 口)控制,然后采用扫描方法轮流点亮各位数码管。

这样,对于一组数码管动态扫描显示需要由两组信号来控制:一组是字段输出口输出的字形代码,用来控制显示的字形,称为段码;另一组是位输出口输出的控制信号,用来选择第几位数码管工作,称为位码。

由于各位数码管的段线并联,段码的输出对各位数码管来说都是相同的。因此,在同一时刻如果各位数码管的位选线都处于选通状态,8 位数码管将显示相同的字符。若要各位数码管能够显示出与本位相应的字符,就必须采用扫描显示方式。即在某一时刻,只让某一位的位选线处于导通状态,而其他各位的位选线处于关闭状态。同时,段线上输出相应位要显示字符的字型码。这样在同一时刻,只有选通的那一位显示出字符,而其他各位则是熄灭的,如此循环下去,就可以使各位数码管显示出将要显示的字符。

虽然这些字符是在不同时刻出现的,而且同一时刻,只有一位显示,其他各位熄灭,但由于数码管具有余辉特性和人眼有视觉暂留现象,只要每位数码管显示—熄灭—显示,这显示到显示间隔足够短,给人眼的视觉印象就会是连续稳定地显示。

数码管不同位显示的时间间隔可以通过调整延时程序的延时长短来完成。数码管显示的时间间隔也能够确定数码管显示时的亮度,若显示的时间间隔长,显示时数码管的亮度将亮些;若显示的时间间隔短,显示时数码管的亮度将暗些。若显示的时间间隔过长,数码管显示时将产生闪烁现象。所以,在调整显示的时间间隔时,既要考虑到显示时数码管的亮度,又要使数码管显示时不产生闪烁现象。

(四) 程序解析

查看理解源程序,我们一般的思路是:首先粗略地看一下程序中的全局变量,一般来说,全局变量都是定义在程序的最前边几行,对这些变量的名字及可能的意义作一个大致了解,即使没有完全记住也没关系,至少有一个印象;然后是查看程序的主程序,了解程序运行的总体结构;接下来才是按功能细致查看程序的功能模块。遵循这个思路我们一起来解析一下项目的程序吧。

```
1    #include<AT89X51.h>
2    #define uint unsigned int
3    #define uchar unsigned char
4    uint time_t;                              //毫秒统计值
5    uchar hour,min,sec;                       //数码管显示值,小时,分,秒
6    uchar code led[10]={0xfc,0x60,0xda,0xf2,
7    0x66,0xb6,0xbe,0xe0,0xfe,0xf6};           //数码管显示0~9
```

程序的第 1 行是包含 AT89X51.h 头文件,该头文件中包含了很多常用的 51 系列单片机的宏定义,一般在编写程序时都需包含进来。第 2 行、第 3 行采用宏定义方式把写法比较复杂的无符号整型、无符号字符型两种数据类型简写成 uint、uchar。

第 4、5 行定义 4 个全局变量,分别用于记录毫秒统计值、小时值、分值、秒值。第 6、7 行是定义 10 个元素的数组,并根据数码管显示知识把能在数码管上显示出 0~9 这 10 数字的对应的二进制信号转换成十六进制后存入数组中,以便后面的程序中调用显示。

接下来,我们一起看一下主程序 main() 函数:

```
1    void main()
2    {
3        sec=56;
4        min=59;
5        hour=23;                              //时间初始化
6        while(1)
```

```
7           {
8                   display_num(sec,0x01);        //显示秒
9                   display_num(min,0x08);        //显示分
10                  display_num(hour,0x40);       //显示小时
11                  display_char();               //显示分隔符"-"
12                  time_take();                  //调用时间调整程序
13          }
14  }
```

主程序中第3~5行是赋给时间的初始值,也就是程序刚运行时在数码管上显示的时间值。第6行开始到第13行为止是一个while循环语句,从其循环条件为1可看出,这是一个循环条件永远满足的死循环,也即该主程序是不断循环运行循环体语句。而循环体语句是由4条调用显示函数语句、1条调整时间函数构成。

接下来我们一起看看在主程序中被调用最频繁的函数display_num(uchar num,dis_w)。

```
void display_num(uchar num,dis_w)
1   {
2           uchar j;
3           for(j=0;j<2;j++)
4           {
5                   P0=0xff;                      //段选口置高,消影
6                   P2=~dis_w;                    //装入位选值
7                   if(j>0)
8                           P0=~led[num/10];      //显示num个位
9                   else
10                          P0=~led[num%10];      //显示num十位
11                  dis_w=dis_w<<1;
12                  delay_1ms(5);                 //延时5ms
13          }
14  }
```

理解这段程序需要我们一起回忆数码管动态扫描显示原理,明白多数码管显示其实也是通过逐一点亮其中一个数码管,由于其点亮间隔很短,速度很快,所以人眼看起来就是一起点亮的效果。

该函数是运行一次点亮2位数码管,显示的数字、显示在8位数码管的第几位是通过函数的参数传送的。其中,局部变量num是传送被显示的数值,dis_w变量是传送在第几位显示的值。依据硬件电路图可知,我们是通过P0端口传送显示的数码值,通过P2端口传送位选值的。位选值取值范围是0x01、0x08、0x40三个值,数码管位图如图2-12所示。

图2-12 数码管位图

0x01 二进制值是 00000001,1 在第 1 位表示点亮第 1 位数码管。

0x08 二进制值是 00001000,1 在第 4 位表示点亮第 4 位数码管。

0x40 二进制值是 01000000,1 在第 7 位表示点亮第 7 位数码管。

在该段程序的第 5 行语句的作用是"消影",何为消影呢,其实就是消除拖影。拖影产生的原因是这样的,CPU 的执行速度很快,当送入位选和段选数据点亮其中一位后,准备点亮下一位时又送入位选数据,但该位的段选数据还没有送入,所以该位还保持着上次的段选数据,接着该位的段选数据送入,由于视觉残留,两个段选数据的显示效果重合,形成了混乱。简单地说,就是一位数码管显示了它前一位要显示的字符和它本身要显示的字符的重叠效果。要想避免"拖影"就必须在每位数码管显示完后将其关闭,由于我们采用共阳数码管,我们可以让段端口输入出全为 1,如加入"P0 = 0xff;",这样使数码管关闭,然后下一位再显示时就不会有影响了,这就是所谓的"消影"。

第 6 行 P2=～dis_w;是接收位选值,这里难理解的是为什么前边要加一个取反符号"～"。分析如下：如果位选值是 0x01,二进制值是 00000001,意味着是点亮第 1 个数码管,但考虑实际硬件电路(如图 2-2 所示),PNP 型三极管 B 极接位选值,B 极为低时,该三极管是导通,要使第 1 位数码管被点亮,必须使该三极管导通,因此把 00000001 取反,刚好得到 11111110 值,使得第 1 位三极管导通,其余三极管不导通。因此,这里需要一个取反运算。

第 7～10 行语句,是用于选择判断显示个位还是十位数字(因为每次送进来的数值都是两位数)。

第 11 行语句 dis_w=dis_w<<1;是一句移位语句,表示向左移 1 位。这里为什么要移位呢,可能有人不明白。分析如下：还是假设如果位选值是 0x01,二进制值是 00000001,点亮第 1 位后,接着应该点亮第 2 位,即 00000010,为了得到这个值,很明显,只需把原位选值做一个向左移位运算就行。

第 12 行语句 delay_1ms(5),是一个调用函数语句,该函数作用是延时 5ms 时间。

```
1    void delay_1ms(uint x)
2    {
3        TMOD=0x01;              //开定时器 0,工作方式为 1
4        TR0=1;                  //启动定时器 0
5        while(x--)
6        {
7            TH0=0xfc;           //将定时 1ms 初值的高 8 位装入 TH0
8            TL0=0x18;           //将定时 1ms 初值的低 8 位装入 TL0
9            while(!TF0);        //等待,直到 TF0 为 1
10           TF0=0;
11           time_t++;           //毫秒统计值自加 1
12       }
13       TR0=0;                  //停止定时器 0
14   }
```

理解该段程序离不开项目一中所介绍的定时器知识,尤其是定时时间的计算。程序的第 3 行 TMOD=0x01,结合项目一中所介绍的定时器知识,我们可判断出作用是使用定时器 0,并使其工作于方式 1,即是 16 位计数器。

$$初值 = 2^x - \frac{定时时间}{机器周期}(定时时间公式)$$

由定时器的方式 1 可知 x 的值为 16,定时时间为 1ms,代入公式得

$$初值 = 2^{16} - \frac{1ms}{1\mu s} = 65536 - 1000 = 64536 = (1111110000011000)_2 = 0xfc18$$

得计数器的高 8 位值为 0xfc,低 8 位值为 0x18,第 7、第 8 两行语句的值即来自于此。

该段程序的第 11 行 time_t++;语句是每 1ms 总时间自加 1 一次,当累加达到 1000 时,即可认为时间经过 1s 了。

接下来我们分析时间调整函数 time_take()。

```
void time_take()
{
    if(time_t>=1000)              //当总延时数为 1s 时
    {
        time_t=0;                 //time_t 清零
        sec++;                    //秒加 1
        if(sec==60)               //当秒值等于 60 时
        {
            sec=0;                //秒值清零
            min++;                //分加 1
            if(min==60)           //当分等于 60 时
            {
                min=0;            //分清零
                hour++;           //小时加 1
                if(hour==24)      //当小时等于 24 时
                    hour=0;       //小时清零
            }
        }
    }
}
```

时间调整函数的处理思路是这样的:先判断毫秒累加值是否到了 1000,如果是,则秒累加值加 1,同时毫秒累加值清零,如果秒值到了 60,则分累加值加 1,同时秒清零,如果分值到了 60,则小时累加值加 1,同时分值清零,如果小时累加值到了 24,则小时累加值清零;以上判断只要任何一步没有满足条件,则退出该函数执行。

最后我们分析 display_char(),它的功能是在小时、分、秒之间显示"-"分隔符。

```
void display_char()
{
    P0=0xff;                      //段选口置高,消影
    P2=~0x24;
    P0=~0x02;                     //显示字符"-"
    delay_1ms(5);                 //延时 5ms
}
```

由赋值给 P2 端口的十六进制值~0x24 转换成二进制为 11011011 可知,点亮的是第 3、第 6 两只数码管,查看图 2-12 可知,刚好这 2 个位置是准备显示"-"符号,再看赋值给 P0 端口的十六进制值~0x02 值转换为二进制为 11111101,查看图 2-2 硬件连接图,此 0 信号正是接到数码管的 g 脚,可见点亮的效果刚好是"-",因此我们就不难明白该程序段的功能了。

任务三 设计制作闹钟

当我们完成任务二时,我们手头已经有了一个简易时钟了,但是美中不足的是该时钟无法调整时间,如果发现这个钟不准,想校准时间也是没法完成的事情。因此,在任务三中,我们准备完善时钟,增加一组按键,可以通过按键调整时间,同时增加一个闹铃叫醒功能。

一、选择元器件

在这个任务中,我们需要增加硬件构成一个小键盘(小键盘元器件清单见表 2-3),以提供输入功能。

表 2-3 小键盘元器件清单

序号	名 称	型号/参数	数量
1	按键		16
2	电阻	10kΩ	4
3	排针	/	2 针
4	弯曲排针	1 排 8 针	1 排
5	单孔板	/	1
6	导线	/	若干

二、设计硬件电路

把小键盘单独做成一个小电路板(小键盘电路图见图 2-13),与单片机主板通过排针相连接。主板与小键盘的连接如图 2-14 所示,电路图中的箭头表示键盘的排针 1~8 脚与单片机主板的 P1 端口引出的排针 1~8 脚一一对应连接。图 2-15 是闹钟整体连接图,仔细对比可以发现,图 2-15 就是图 2-13 与图 2-14 的组合。

三、设计程序

前边已经完成了简易时钟的制作,现在增加键盘,添加调整时间、闹铃功能。需要修改程序以增加键盘输入功能以及必要的数据处理功能,修改后的程序流程框图如图 2-16 所示。

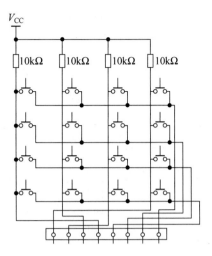

图 2-13 小键盘电路图

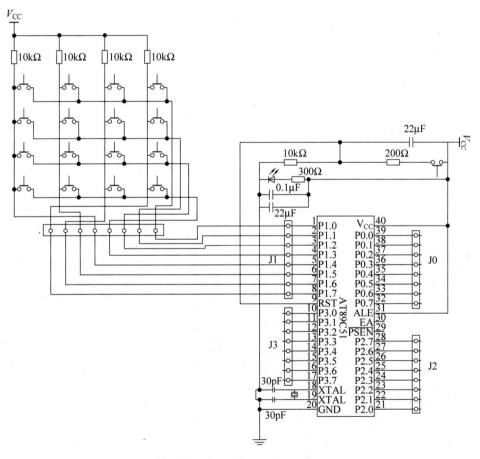

图 2-14 主板与小键盘的连接图

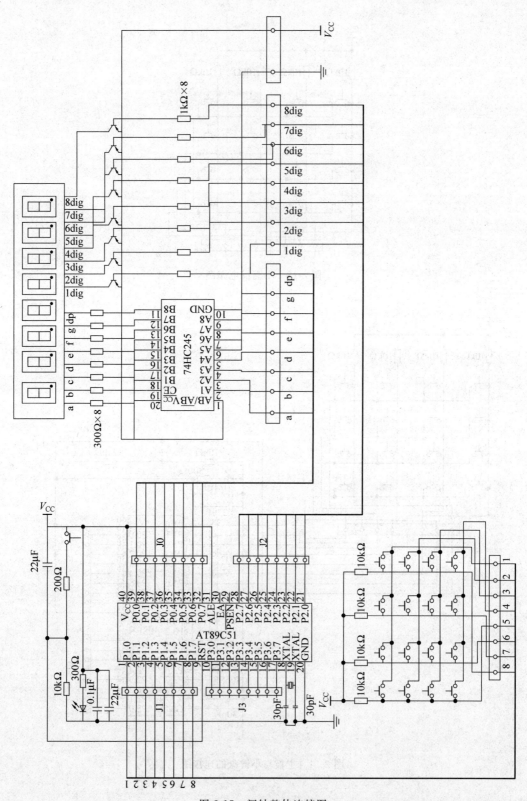

图 2-15 闹钟整体连接图

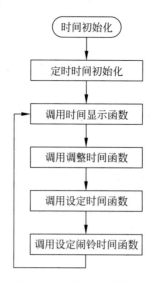

图 2-16 主程序流程框图

添加新功能后的程序代码如下,详细的程序分析及编写思路放在后面的程序解析中阐述。

```
#include<AT89X51.h>
#define uint unsigned int
#define uchar unsigned char
uint time_t;                                        //毫秒统计值
    uchar hour_now,min_now,sec_now,                 //实时时间
          hour_a1,min_a1,sec_a1,                    //闹钟时间
          key,key_num;                              //键盘扫描值,键盘键值
uchar code led[10]={0xfc,0x60,0xda,0xf2,
0x66,0xb6,0xbe,0xe0,0xfe,0xf6};                     //数码管显示 0~9
sbit beep=P3^7;                                     //定义 P3.7 口为蜂鸣器控制口
/*********************************/
//函数名:delay_1ms(uint x)
//功能:利用定时器 0 精确定时 1ms;自加 time_t 的值为后面时间调整函数服务
//调用函数:
//输入参数:x,1ms 计数
//输出参数:
//说明:延时的时间为 1ms 乘以 x
/*********************************/
void delay_1ms(uint x)
{
    TMOD=0x01;                                      //开定时器 0,工作方式为 1
    TR0=1;                                          //启动定时器 0
    while(x--)
    {
        TH0=0xfc;                                   //定时 1ms 初值的高 8 位装入 TH0
        TL0=0x18;                                   //定时 1ms 初值的低 8 位装入 TL0
        while(!TF0);                                //等待,直到 TF0 为 1
```

```c
            TF0=0;
            time_t++;                           //毫秒统计值自加1
        }
        TR0=0;                                  //停止定时器0
}
/*******************************/
//函数名：display_num(uchar num,dis_w)
//功能：2位数码管显示
//调用函数：delay_1ms(uint x)
//输入参数：num,dis_w
//输出参数：
//说明：P0口做数码管段选,P2口做位选
//通过dis_w的值确定num值在数码管上显示的位置
/*******************************/
void display_num(uchar num,dis_w)
{
    uchar j;
    for(j=0;j<2;j++)
    {
        P0=0xff;                                //段选口置高,消影
        P2=~dis_w;                              //装入位选值
        if(j>0)
            P0=~led[num/10];                    //显示num个位
        else
            P0=~led[num%10];                    //显示num十位
        dis_w=dis_w<<1;
        delay_1ms(5);                           //延时5ms
    }
}
/*******************************/
//函数名：display_char()
//功能：显示时间分隔符"-"
//调用函数：delay_1ms(uint x)
//输入参数：
//输出参数：
//说明：
/*******************************/
void display_char()
{
    P0=0xff;                                    //段选口置高,消影
    P2=~0x24;
    P0=~0x02;                                   //显示字符"-"
    delay_1ms(5);                               //延时5ms
}
/*******************************/
//函数名：display(uchar sec,min,hour)
//功能：8位数码管显示
//调用函数：display_num(uchar num,dis_w),display_char()
//输入参数：sec,min,hour
```

```c
//输出参数：
//说明：数码管显示完整的时间
/*******************************/
void display(uchar sec,min,hour)
{
    display_num(sec,0x01);              //显示秒
    display_num(min,0x08);              //显示分
    display_num(hour,0x40);             //显示小时
    display_char();                     //显示分隔符"-"
}
/*******************************/
//函数名：time_take()
//功能：时间调整
//调用函数：
//输入参数：
//输出参数：
//说明：通过 time_t 的值调整各时间单位,24 小时制,定时报警
/*******************************/

void time_take()
{
    if(hour_now==hour_a1&min_now==min_a1&sec_now<6)   //判断是否到定时值
        beep=0;                         //到定时值,启动蜂鸣器
    else
        beep=1;                         //未到定时值,关蜂鸣器
    if(time_t>=1000)                    //当总延时数为 1s 时
    {
        time_t=0;                       //time_t 清零
        sec_now++;                      //秒加 1
        if(sec_now>=60)                 //当秒值等于 60 时
        {
            sec_now=0;                  //秒值清零
            min_now++;                  //分加 1
            if(min_now>=60)             //当分等于 60 时
            {
                min_now=0;              //分清零
                hour_now++;             //小时加 1
                if(hour_now>=24)        //当小时等于 24 时
                    hour_now=0;         //小时清零
            }
        }
    }
}
/*******************************/
//函数名：keyscan()
//功能：得出 4×4 键盘的行列扫描值
//调用函数：delay_1ms(uint x)
//输入参数：
//输出参数：
```

//说明：通过 P1 口的扫描得出扫描值 key,无键按下 key 为 0
/********************************/
```c
uchar keyscan()
{
    uchar code_h;                          //行编码
    uchar code_l;                          //列编码
    P1=0xf0;
    if((P1&0xf0)!=0xf0)
    {
        delay_1ms(5);                      //调用定时函数
        if((P1&0xF0)!=0xf0)
        {
            code_h=0xfe;
            while((code_h&0x10)!=0x00)
            {
                P1=code_h;
                if((P1&0xF0)!=0xf0)
                {
                    code_l=(P1&0xf0|0x0f);
                    return((~code_h)+(~code_l));
                }
                else
                    code_h=(code_h<<1)|0x01;
            }
        }
    }
    return(0);                             //无键按下返回 0
}
```
/********************************/
//函数名：keynum()
//功能：得出 4×4 按键的键值
//调用函数：keyscan()
//输入参数：
//输出参数：
//说明：通过 key 的值确定按键键值
/********************************/
```c
void keynum()
{
    uchar i,j;
    uchar code tab[4][4]={{1,2,3,4},{5,6,7,8},{9,0,11,12},{13,14,15,16}};
    //4×4 键盘各键值标注
    key=0;
    key=keyscan();                         //引入 key 值
    if((key&0x01)!=0) i=0;
    if((key&0x02)!=0) i=1;
    if((key&0x04)!=0) i=2;
```

```c
        if((key&0x08)!=0) i=3;
        if((key&0x10)!=0) j=0;
        if((key&0x20)!=0) j=1;
        if((key&0x40)!=0) j=2;
        if((key&0x80)!=0) j=3;
        if(key!=0) key_num=tab[i][j];         //通过比较得出 4×4 键盘的键值
}
/******************************/
//函数名：keyplay(uchar sec,min,hour,tkey)
//功能：设置时间,包括设置定时时间
//调用函数：display(uchar sec,min,hour);keynum()
//输入参数：
//输出参数：
//说明：tkey 的值决定设置时间的种类,11 代表设置时钟的时间,13 代表设置定时的时间
/******************************/
void keyplay(uchar sec,min,hour,tkey)
{
    uchar data timenum[]={0,0,0,0,0,0};        //建立时间各单位数组
    uchar i=0,take_key;
    keynum();                                  //调用键值程序
    if(key_num==tkey)                          //判断调整键是否按下
    {
        take_key=1;                            //循环开关值设 1
        timenum[0]=hour/10;
        timenum[1]=hour%10;
        timenum[2]=min/10;
        timenum[3]=min%10;                     //将原时间引入修改模式
        while(take_key)                        //判断是否在设定模式中
        {
            keynum();
            while(key!=0)                      //键盘松手检测
            keynum();
            if(key_num<11)                     //判断键值是否为 0~9 数字键
            {
                i++;
                timenum[i-1]=key_num;          //键值赋值于数组
                key_num=17;                    //键值清空
            }
            if(key_num==12)                    //判断有无按下确定键
                take_key=0;                    //开关值置 0,跳出循环
            if(i==6)
                take_key=0;                    //6 位数调整结束,自动跳出循环
            hour=timenum[0]*10+timenum[1];
            min=timenum[2]*10+timenum[3];
            sec=timenum[4]*10+timenum[5];      //调整值赋值于调整时间
            display(sec,min,hour);
```

```
            }
        if(sec>59)
            sec=0;
        if(min>59)
            min=0;
        if(hour>23)
            hour=0;                          //时间溢出排错
        if(tkey==11)                         //调整键 11 为实时时间调整
        {
            sec_now=sec;
            min_now=min;
            hour_now=hour;
        }
        if(tkey==13)                         //调整键 13 为定时值 a1 调整
        {
            sec_a1=sec;
            min_a1=min;
            hour_a1=hour;
        }
    }
}
/ ****************************** /
/ ****************************** /
void main()
{
    sec_now=56;
    min_now=59;
    hour_now=23;
    sec_a1=0;
    min_a1=0;
    hour_a1=0;                               //各时间初始化
    while(1)
    {
        display(sec_now,min_now,hour_now);   //显示实时时间
        time_take();                         //调用时间调整程序
        keyplay(sec_now,min_now,hour_now,11); //调整的时间为实时时间
        keyplay(sec_a1,min_a1,hour_a1,13);    //调整的时间为定时值 a1
    }
}
```

四、仿真项目

根据已有电路硬件图及程序代码,在 Proteus 仿真软件中进行虚拟仿真。

此次绘制仿真电路图(见图 2-17)与简易时钟相比只多了一种仿真元器件,那就是按钮。在仿真软件中找出按钮元器件的方法如下。

项目二 时钟的设计与制作

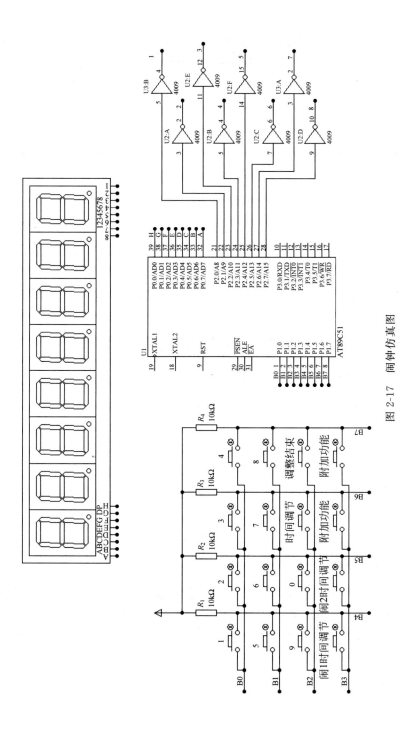

图 2-17 闹钟仿真图

① 通过单击"Library"菜单下的"Pick Device/Symbol…"命令打开元器件库,如图 2-18 所示。

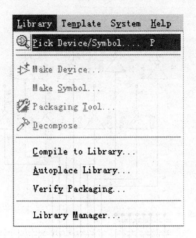

图 2-18 "Pick Device/Symbol…"命令

② 在打开"Pick Devices"对话框中的 Keywords 文本框中输入"button",即可在右边框中出现按钮元件,如图 2-19 所示。

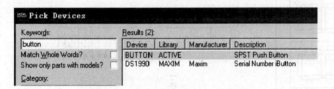

图 2-19 "Pick Devices"对话框

③ 其余元件的找出方法与简易时钟处一样,可以参照前文的介绍。

仿真图画出后把程序代码编译成功的扩展名为.hex 文件放入单片机元件,并启动软件仿真,操作方法与项目一中描述方法一样。

仿真结果如图 2-20 所示。

五、制作电路板

按照图 2-13 所示键盘电路图,制作成功的电路板如图 2-21 所示。

注意:按键是 4 只脚的,而原理图中按键是 2 只脚的,我们选择哪两只脚呢?在实际制作中请大家务必记住,选用任意对角的两只脚,另外两只脚作为支撑脚,不用连接,如图 2-22 所示。

六、程序解析及键盘接口知识

在所有单片机应用程序中,按键输入通常是人机交互的一种重要方式,其代码也往往占到一个应用程序的很大部分,因此这也是本程序代码长的一个原因。在解析键盘扫描程序前我们先一起学习与键盘扫描相关的知识。

项目二 时钟的设计与制作 79

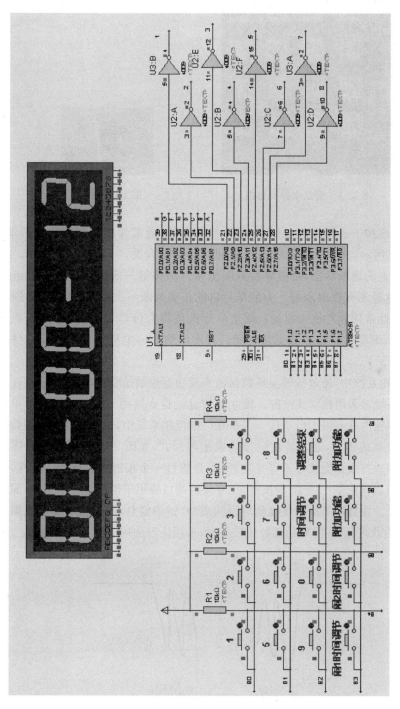

图 2-20 闹钟仿真结果图

图 2-21 键盘电路实物图　　　　图 2-22 按键

机械式按键在按下或释放时,由于机械弹性的影响,通常伴随着机械触点抖动,其抖动过程如图 2-23 所示,这个时间长短与按键的材料特性有关,一般为 5~10ms。在触点抖动期间检测触点的通断状态,可能导致判断出错。即按键一次按下或释放被错误地认为是多次操作,这是不允许出现的。为使单片机能正确判断一次按下按键,就必须考虑如何去除抖动。为此常用软件法去抖动:就是单片机获得 I/O 口电平信号后,不是立即确认按键已被按下,而是延长 5ms 或更长时间后再次检测 I/O 电平信号,若仍为一样,则确认为按键确实按下了。

在单片机应用系统中,通过按键实现数据输入及功能控制是非常普遍的,通常在所需按键数量不多时,系统常采用独立式按键。独立式按键是指直接用 I/O 口线构成的单个按键电路,每个按键单独占有一根 I/O 口线。但是在一些应用系统中,由于需要的按键数量比较多,为了减少 I/O 口的占用,通常将按键排列成矩阵形式,如图 2-24 所示。在矩阵式键盘中,每条水平线和垂直线在交叉处不直接连通,而是通过一个按键加以连接。这样,一个端口(如 P1 口)就可以构成 4×4=16 个按键,比直接将端口线用于键盘多出了一倍,而且线数越多,区别越明显。比如再多加一条线就可以构成 20 键的键盘,而直接用端口线则只能多出一键(9 键)。由此可见,在需要的键数比较多时,采用矩阵法构造键盘是合理的。

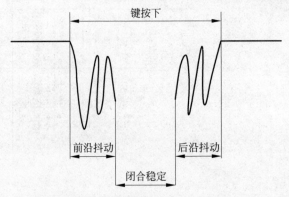

图 2-23 按键触点的机械抖动

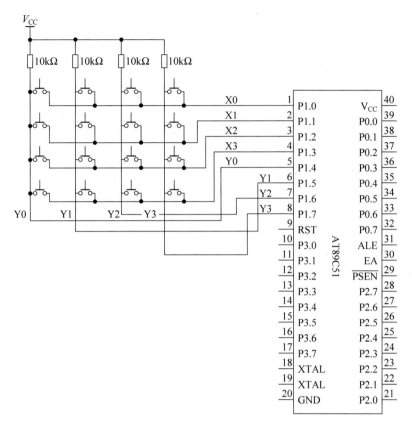

图 2-24 矩阵式按键图

在项目中,我们使用了矩阵式按键,矩阵式键盘的接法比独立式键盘的接法复杂,编程实现上也比较复杂。它的总体实现思路分为如下两个步骤。

1. 判断有无键被按下

方法是:将全部行线 X0~X3 置低电平,然后检测列线的状态。只要有一列的电平为低,则表示键盘中有键被按下,而且闭合的键位于低电平线与 4 根行线相交叉的 4 个按键之中。若所有列线均为高电平,则键盘中无键按下。

2. 确定哪个键按下

方法是:在确认有键按下后,依次将行线置为低电平,即在置某根行线为低电平时,其他线为高电平,在确定某根行线位置为低电平后,再逐行检测各列线的电平状态,若某列为低,则该列线与置为低电平的行线交叉处的按钮就是闭合的按键。

在项目中,我们把按键识别功能写成了一个 keyscan() 函数,通过查看程序代码理解上面的两个步骤。

```
/*******************************/
//函数名:keyscan()
//功能:得出 4×4 键盘的行列扫描值
//调用函数:delay_1ms(uint x)
```

```
//输入参数:
//输出参数:
//说明:通过 P1 口的扫描得出扫描值 key,无键按下 key 为 0
/******************************/
uchar keyscan()
{
    uchar code_h;                          //行扫描值
    uchar code_l;                          //列扫描值
    P1=0xf0;                               //P1.0~P1.3 全为 0,准备读列状态
    if((P1&0xf0)!=0xf0)                    //如果 P1.4~P1.7 不全为 1,可能有键按下
    {
        delay_1ms(5);;                     //延时去抖动
        if((P1&0xf0)!=0xf0)                //重读高 4 位,若还是不全为 1,定有键按下
        {
            code_h=0xfe;                   //P1.0 置为 0,开始行扫描
            while((code_h&0x10)!=0x00)     //判断是否为最后一行,若不是,继续扫描
            {
                P1=code_h;                 //P1 口输出扫描值
                if((P1&0xf0)!=0xf0)//如果 P1.4~P1.7 不全为 1,该行有键按下
                {
                    code_l=(P1&0xf0|0x0f);
                                           //保留 P1 口高 4 位,低 4 位变为 1,作为列值
                    return((~code_h)+(~code_l));
                                           //键盘编码=行扫描值+列扫描值
                }
                else
                    code_h=(code_h<<1)|0x01;
                                           //若该行无键按下,行扫描值左移,扫描下一行
            }
        }
    }
    return(0);                             //无键按下,返回 0
}
```

假设把项目中的按键从上到下分为 1~4 行,从左到右分为 1~4 列,详细解析该程序段后,把不同按键按下得到的返回值列成一张表,如表 2-4 所示。

表 2-4 按键与返回值的对应表

列号 行号	1	2	3	4	1(返回值)	2(返回值)	3(返回值)	4(返回值)
1	●	●	●	●	00010001	00010010	00010100	00011000
2	●	●	●	●	00100001	00100010	00100100	00101000
3	●	●	●	●	01000001	01000010	01000100	01001000
4	●	●	●	●	10000001	10000010	10000100	10001000

表 2-4 中黑圈表示所在的行号与列号交叉的按键被按下,返回的是一个字节的 8 位二进制值。仔细分析返回值可发现其中的规律:8 位二进制值分为高 4 位、低 4 位,高 4 位代表行号,低 4 位代表列号,高 4 位中哪一位的值是 1 表示该行有键被按下,低 4 位中哪一位的值是 1 表示该列有键被按下。如 00010001 值,表示 1 行、1 列所在的键被按下;01000100 值,表示 3 行、3 列所在的键被按下。

keyscan()函数返回第几行、第几列按键被按下的信息,而该键代表什么含义需要通过另一个函数 keynum()来定义。

```
1    void keynum()
2    {
3      uchar i,j;
4      uchar code tab[4][4]={{1,2,3,4},{5,6,7,8},{9,0,11,12},{13,14,15,16}};
5      //4×4 键盘各键值标注
6      key=0;
7      key=keyscan();                    //引入 key 值
8          if((key&0x01)!=0) i=0;
9          if((key&0x02)!=0) i=1;
10         if((key&0x04)!=0) i=2;
11         if((key&0x08)!=0) i=3;
12         if((key&0x10)!=0) j=0;
13         if((key&0x20)!=0) j=1;
14         if((key&0x40)!=0) j=2;
15         if((key&0x80)!=0) j=3;
16         if(key!=0) key_num=tab[i][j]; //通过比较得出 4×4 键盘的键值
17   }
```

该程序段的第 3 行定义了两个变量 i、j,用于记录行号和列号。

该程序段的第 4 行语句,表示定义一个二维数组(相当于一张表格),是一张 4 行 4 列的表格。第 1 行上有 4 个值,分别是 1、2、3、4;第 2 行上有 4 个值,分别是 5、6、7、8;第 3 行上有 4 个值,分别是 9、10、11、12;第 4 行上有 4 个值,分别是 13、14、15、16。

该程序段的第 7 行语句是调用 keyscan()函数,该函数的返回值赋值给 key 变量。接下来的第 8~15 行语句,是根据 keyscan()函数返回值进行逻辑处理,分解出行号、列号并赋予 i、j 变量。

第 16 行语句的意思是,把按键所在行号、列号与第 4 行按键值的定义相结合,把键的定义值返回调用 keynum()函数的语句。

在程序中还有一个很重要的时间设置函数 keyplay(uchar sec,min,hour,tkey),该函数有 4 个参数:秒值 sec、分值 min、小时值 hour、功能标记 tkey。tkey 有两个可选值:11 代表设置时钟的时间,13 代表设置定时的时间。

keyplay()函数的流程框图如图 2-25 所示。

时间调整函数 time_take()与本项目任务二中的 time_take()函数相比增加了部分功能:判断定时时间是否到了,如果时间到启动蜂鸣器,否则关闭蜂鸣器。

程序中为显示时间的方便性,在任务二中已有显示函数 display_num(uchar num,

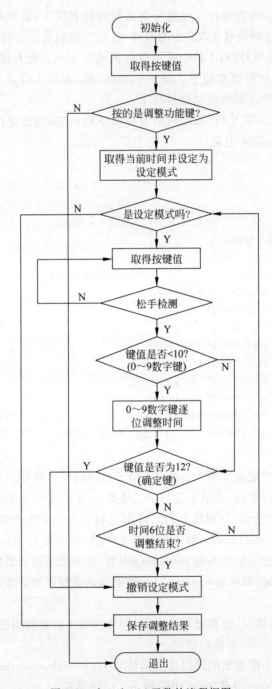

图 2-25 keyplay( )函数的流程框图

dis_w),display_char()基础上,增加了一个显示函数 display(uchar sec,min,hour),在该函数中调用 display_num(uchar num,dis_w)、display_char()两个函数。

```
void display(uchar sec,min,hour)
{
```

```
        display_num(sec,0x01);          //显示秒
        display_num(min,0x08);          //显示分
        display_num(hour,0x40);         //显示小时
        display_char();                 //显示分隔符"-"
}
```

该程序中其他部分与任务二中的程序段一样。

任务四　扩展训练

我们希望学习者在闹钟基础上再次扩展程序的功能，提出以下两个扩展任务。

（一）实现倒计时时钟

在本项目任务三中制作的是一个时钟，而且很明显，该时钟的计时是向前计时的，在本扩展任务中我们要求制作一个倒计时时钟，也即它的时间是倒退的，如 23-23-59 秒后是 23-23-58 秒，依次倒退。

具体要求如下：在现有闹钟的硬件及软件基础上，修改软件程序实现按键盘的某一个键即可实现时钟倒着走，再按另一个键，时钟又会恢复正常顺着走。

（二）增加闹铃次数

在闹钟中，我们实现了设置闹铃时间功能，一到时间就会响铃。但是我们一次只能设置一个闹铃时间，现在要求增加功能，即一次可设置两个闹铃时间。

具体要求如下：在现有闹钟的硬件及软件基础上，修改软件程序实现。按下某个功能键，可以设定一个闹铃时间；再按另一功能键，又可以设定另一个闹铃时间。如果两个闹铃时间不一样，则各自时间到后，会开自启动闹铃功能。

知识训练

1. 请说明 7 段荧光数码管的 a、b、c、d、e、f、g 七个管分布顺序。

2. 通过控制 7 段荧光数码管不同管的亮灭即可构成 0～9 不同的 10 个数字，请分别指出这些数字是由点亮哪些管构成的。

3. 教材中给出了共阴数码管显示 0～9 不同的 10 个数字需提供 a、b、c、d、e、f、g 七个管的二进制电平信号，请写出共阳数码管显示 0～9 十个数字需要的二进制电平信号。请说明要显示同一个数字使用共阴、共阳数码管其二进制电平信号是什么关系。

4. 请说明动态扫描显示为什么比静态显示节省管脚数，请尝试理解动态显示的工作原理。

5. 独立式按键与矩阵式按键各有什么优缺点？分别适用于什么场所？

设计制作红外报警器

> **需要掌握的理论知识：**
> - 了解 MCS-51 单片机的中断逻辑结构。
> - 知道 MCS-51 单片机的 5 个中断源，掌握中断请求标志寄存器 TCON、SCON 寄存器、中断允许寄存器 IE 相关位的作用。
> - 了解从中断请求到中断响应再到中断被执行的中断响应过程。
> - 掌握中断服务函数的编写方法和格式。
> - 了解独立按键的使用原理。
> - 理解按键消抖的原理。
>
> **需要掌握的能力：**
> - 能根据项目的要求，会选择合适中断源、中断响应方式。
> - 能根据选择的中断源、中断方式正确设置中断请求标志寄存器、中断允许寄存器相关位的值。
> - 根据中断需要，能正确编写中断服务函数。
> - 会正确编写独立按键应用的程序。
> - 会编写软件消抖的程序。

任务一 明确红外报警器设计要求

在本项目中我们要与大家一起设计制作基于单片机的红外报警器，项目分为两个任务：一是制作简易报警器；二是制作计数报警器。

简易报警器的结构和原理是：由一只红外发射管、一只红外接收管构成一个非法进入的检测装置，检测信号连到单片机主板上，由一个蜂鸣器组成报警器件，正常时由于没有检测到非法进入信号，所以报警器件不会工作且蜂鸣器不会发出响声;当有非法进入时检测信号被送给单片机主板,单片机判断后控制报警器件工作发出报警声。

计数报警器:应用场所是需要对外部通过物件进行计数,当计数到一个设定值时就通过单片机控制蜂鸣器发出声响进行报警。该计数报警器通过2位数码管显示计数结果,通过按键实现计数设定值的调整。

从实现角度上看,计数报警器是通过对简易报警器改进而来的,图3-1所示就是计数报警器的实物照片。

图 3-1　计数报警器实物图

任务二　设计制作简易报警器

在这里我们将给出制作简易报警器所需要元器件及型号,读者可以照此购买器件并自己动手制作,给出简易报警器的硬件连接图及C51源程序代码,再说明仿真软件仿真操作过程,最后结合本任务介绍外部中断知识及程序的解释。

一、选择元器件

表3-1列出制作简易报警器所需的元器件,图3-2所示为部分电子元器件的实物图。

表 3-1　简易报警器的元器件

序号	名　　称	型号/参数	数量
1	红外发射二极管		1
2	红外接收二极管		1
3	三极管	PNP8550	1
4	电阻	10kΩ	1
5	电阻	1kΩ	1
6	电阻	100Ω	1
7	蜂鸣器		1
8	单孔板	/	1
9	反相器	74LS04P	1
10	排针	/	若干
11	导线	/	若干
项目一中所做的单片机最小系统板1块			

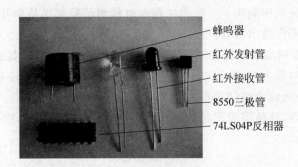

图 3-2　简易报警器部分电子元器件

二、设计硬件电路

图 3-3 所示为简易报警器中检测及报警电路原理图。

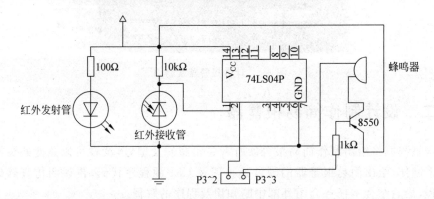

图 3-3　检测及报警电路原理图

该电路检测与报警原理:

正常情况下,红外发射管与红外接收管是相向正对的,红外发射管发射红外线,红外接收管接收到该红外线,此时红外接收管的内阻较小,与 10kΩ 的电阻分压得到的电压也很小,因此送到 74LS04P 芯片 1 脚的是个低电平,经该芯片反相后,从 2 脚输出到单片机 P3^2 引脚的是高电平;当有障碍物挡住红外线时,红外接收管的内阻就急剧变大,与 10kΩ 电阻分压得到的电压也很大,送给 74LS04P 芯片 1 脚的是个高电平,经反向后,从 2 脚输出到单片机 P3^2 引脚的是低电平,该低电平被送到单片机 P3^2 引脚使 INT0 外部中断,单片机程序处理后,从 P3^3 引脚送出低电平导致 8550 三极管导通,从而接通蜂鸣器电源使蜂鸣器发出报警声。

图 3-4 所示为简易报警器工作时的连接图,读者照此连接即可。

三、设计程序

简易报警器的程序编写核心便是利用单片机的外部中断机制,详细程序代码如下。

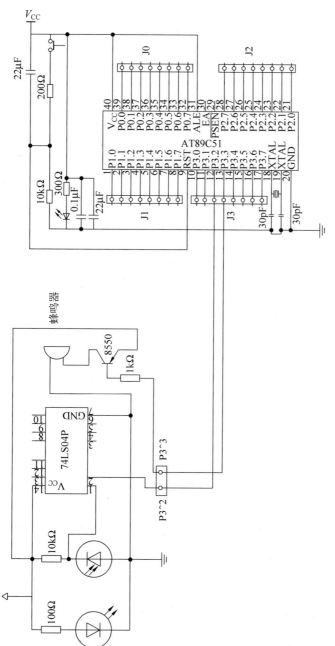

图 3-4 简易报警器完整连接图

```c
#include<AT89X51.h>
#define uint unsigned int
#define uchar unsigned char
sbit beep=P3^3;              //将P3^3定义为蜂鸣器控制口
void main()
{
    EA=1;                    //开总中断
    EX0=1;                   //开外部中断0
    IT0=0;                   //中断触发方式为低电平触发
    while(1)
    {
    
    }
}
/*****************************************************************/
//函数名: intorupt() interrupt 0
//功能: 外部中断0中断响应程序
//调用函数:
//输入参数:
//输出参数:
//说明: 当P3^2口为低电平时进入响应程序
/*****************************************************************/
void intorupt() interrupt 0    //当P3^2键口为低电平时
{
    beep=0;                  //开蜂鸣器
    while(P3_2!=1);          //当P3^2口置高检测
    beep=1;                  //关蜂鸣器
}
```

四、仿真项目

在使用 Proteus 仿真软件进行仿真前,我们考虑到仿真软件中没有红外对管仿真元件,因此在软件中用一个按钮替代红外对管检测效果;蜂鸣器采用仿真软件中的 buzzer 元器件。在 Proteus 仿真软件的元器件库中找出相应的元器件并连接起来,如图 3-5 所示。

此次仿真需要用到的仿真器件有 AT89C51 芯片、按钮——button、蜂鸣器——buzzer、电阻——res、PNP 三极管——pn5138、电源(5V)、地。需要注意的是 buzzer 蜂鸣器元器件默认工作电压是 12V,而现有电源电压只有 5V,因此需把蜂鸣器的默认工作电压改为 5V;否则在仿真时,蜂鸣器不会发出声音。修改蜂鸣器工作电压的方法是,选中 buzzer 元器件,然后单击鼠标右键出现图 3-6 所示菜单后并作选择,然后再在图 3-7 所示的对话框中把工作电压改为 5V。

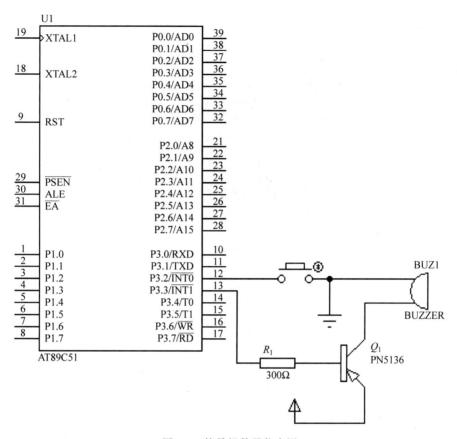

图 3-5 简易报警器仿真图

图 3-6 修改蜂鸣器属性的菜单命令

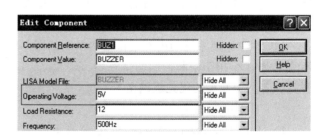

图 3-7 修改蜂鸣器工作电压

五、制作电路板

制作步骤如下：

① 选出红外发射管、红外接收管，放置到合适位置，注意发射头、接收头相向对齐，如图 3-8 所示。

② 注意红外接收二极管的正负极连接方式，要正极接地。

焊制成功的电路板如图 3-8 所示。

图 3-8　红外对管检测电路实物图

六、单片机中断知识及程序解析

此项目中的程序编制是建立在灵活运用单片机的中断知识基础上的,因此理解程序前先要学习相关中断知识。

1. 中断概述

什么是中断?我们从一个生活中的例子引入:你正在家中看书,突然门铃响了,你放下书,去开门,来人与你讨论一些事情,讨论完事情后,回来继续看书。这是生活中的"中断"的现象,就是正常的工作过程被外部的事情打断了。可以引起中断的事件称为中断源。单片机中也有一些可以引起中断的事件,MCS-51 单片机中一共有 5 个中断:两个外部中断、两个定时器/计数器中断、一个串口中断。

2. 单片机的中断逻辑结构

MCS-51 中断系统的内部逻辑结构框图如图 3-9 所示。由图可知,中断系统由 5 个中断请求源,4 个用于中断控制的寄存器 TCON、SCON、IE 和 IP 来控制中断类型、中断的开关和各种中断源的优先级确定。

(1) 外部中断源

INT0 由 P3.2 端口线引入,低电平或下降沿触发(由中断请求标志位 IT0 决定);INT1 由 P3.3 端口线引入,低电平或下降沿触发(由中断请求标志位 IT1 决定)。

(2) 内部中断源

T0 定时器 0 中断源,T1 定时器 1 中断源。

RXD 串口发送中断源,TXD 串口接收中断源。

3. 中断请求标志

中断请求是控制寄存器 TCON 和串行口控制寄存器 SCON 的有关位控制的,因此,只有判别这些位的状态就能确定中断来源。

INT0、INT1、T0、T1 的中断请求标志存放在 TCON 中,如表 3-2 所示。

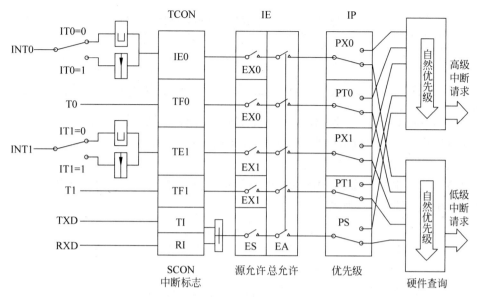

图 3-9 MCS-51 中断系统的内部逻辑结构框图

表 3-2 TCON 寄存器结构和功能

TCON 位	D7	D6	D5	D4	D3	D2	D1	D0
位名称	TF1	TR1	TF0	TR0	IE1	IT1	IE0	IT0
功能	T1 中断标志	T1 启动控制	T0 中断标志	T0 启动控制	INT1 中断标志	INT1 触发方式	INT1 中断标志	INT1 触发方式

IT0：外部中断 0 触发方式控制位，为 0 时，表示外部中断 0 为低电平触发方式；为 1 时，表示外部中断 0 为下降沿触发方式。

IE0：外部中断 0 请求标志位，当外部的中断 0 有请求时，IE0 就会置 1（这由硬件自动完成），在 CPU 响应中断后，由硬件将 IE0 清零。

IT1：外部中断 1 触发方式控制位，为 0 时，表示外部中断 1 为低电平触发方式；为 1 时，表示外部中断 1 为下降沿触发方式。

IE1：外部中断 1 请求标志位，当外部的中断 0 有请求时，IE1 就会置 1（这由硬件自动完成），在 CPU 响应中断后，由硬件将 IE1 清零。

TR0：定时器 0 工作启动与停止控制位，为 1 时，表示启动定时器 0 工作；为 0 时，表示停止定时器 0。

TF0：定时器 0 中断请求标志位，当它为 1 时，表示定时器 0 定时时间到，即定时器 0 申请中断，如单片机允许中断，并由 CPU 响应中断后，TF0 会被自动清零。

TR1：定时器 1 工作启动与停止控制位，为 1 时，表示启动定时器 1 工作；为 0 时，表示停止定时器 1。

TF1：定时器 1 中断请求标志位，当它为 1 时，表示定时器 1 定时时间到，即定时器 1 申请中断，如单片机允许中断，并由 CPU 响应中断后，TF1 会被自动清零。

RXD、TXD 的中断请求标志存放在 SCON 中，如表 3-3 所示。

表 3-3 SCON 寄存器中断请求相关位

SCON 位	D7	D6	D5	D4	D3	D2	D1	D0
位名称							TI	RI
功能							串行口发送中断标志	串行口接收中断标志

TI：当通过串行口向外发送成功一个数据后，TI 位就会被置 1，同时向 CPU 申请中断。

RI：当通过串行口成功接收一个数据后，RI 位就会被置 1，同时向 CPU 申请中断。

4．中断允许标志

在 MCS-51 中断系统中，中断的允许或禁止是由可进行位寻址的 8 位中断允许寄存器 IE 控制的。IE 的格式如表 3-4 所示。

表 3-4 IE 中断允许寄存器

IE 位	D7	D6	D5	D4	D3	D2	D1	D0
位名称	EA			ES	ET1	EX1	ET0	EX0
功能	中断总开关			串行口中断控制位	T1 中断控制位	INT1 中断控制位	T0 中断控制位	INT0 中断控制位

表 3-4 中，EA：总中断开关，如果它等于 0，则所有中断都不允许。

ES：串行口中断允许，为 1 表示允许，为 0 表示不允许。

ET1：定时器 1 中断允许，为 1 表示允许，为 0 表示不允许。

EX1：外部中断 1 中断允许，为 1 表示允许，为 0 表示不允许。

ET0：定时器 0 中断允许，为 1 表示允许，为 0 表示不允许。

EX0：外部中断 0 允许，为 1 表示允许，为 0 表示不允许。

5．中断响应过程

单片机工作过程中发生了中断请求，单片机是如何响应的称为中断响应过程，如图 3-10 所示。

6．程序解析

程序运行顺序是，当检测装置检测到有非法闯入时，发一个信号，该信号促使外部中断 0 发生中断请求，单片机响应中断执行中断服务程序，驱动蜂鸣器发出告警声。主程序流程图框如图 3-11 所示，中断服务程序流程框图如图 3-12 所示。

主程序流程框图中的中断初始化应如何设置呢？

首先要明白使用哪个中断，即 5 个中断源中用哪个？ 在本项目中，明显需要用到的是外部中断，即 INT1 或 INT0，在此我们采用 INT0 中断，同时外部中断的触发方式有低电平触发、下降沿触发两种。因为我们设想是当有非法闯入时，检测装置的红外线被挡住，导致输出低电平，因此触发方式采用低电平触发方式。另外，根据中断允许寄存器 IE 控制位可知，EA 总中断开关一定要打开，外部中断 0 也要打开。经过上述分析，我们就可得出中断初始化、开中断究竟要做哪些工作了。

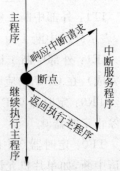

图 3-10 中断响应过程

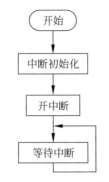

图 3-11 主程序流程框图

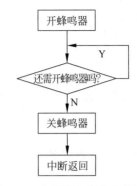

图 3-12 中断服务程序流程框图

```
EA=1;              //打开总中断
EX0=1;             //开外部中断 0
IT0=0;             //中断触发方式为低电平触发
```

等待中断的方式是采用一个循环语句完成,其形式如下:

```
while(1)
{
    ...
}
```

主程序编写完后,还需编写一个中断服务程序,那么中断服务程序该如何编写呢?

C51 编译器允许用 C51 创建中断服务程序,仅仅需要关心中断号和寄存器组的选择就可以了。编译器自动产生中断向量和程序的入栈及出栈代码。在函数声明时包括 interrupt,将把所声明的函数定义为一个中断服务程序。另外,可以用 using 定义此中断服务函数所运用的寄存器组。

中断函数定义的格式为

函数类型 函数名 interrupt　n　using　n

其中,

- interrupt 后面的 n 是中断号。
- 关键字 using 后的 n 是所选择的寄存器组,取值范围是 0~3。

定义中断函数时,using 是一个可选项,可以不用,如果不用 using 选项,则由编译器选择一个寄存组作为绝对寄存器组。在这个项目中就没用使用 using 这个选项。但是,要注意的是 interrupt 选项则必须用,而且后面的中断号也必须正确使用。那么这个选项如何使用呢?如表 3-5 所示。

表 3-5 选用中断号与中断源对应表

中断号 n	中 断 源	中断号 n	中 断 源
0	外部中断 0	3	定时器 1
1	定时器 0	4	串行口中断
2	外部中断 1		

程序中中断函数部分如下:

```
void intorupt( ) interrupt 0
{
    beep=0;              //开蜂鸣器
    while(P3_2!=1);      //当P3^2口一直是低电平时,就一直告警
    beep=1;              //关蜂鸣器
}
```

该函数就是一个中断服务函数,void 是函数类型表示空类型,intorupt 是函数的名字,interrupt 0 中的 0 根据表 3-5 的对应关系可知该中断函数是为外部中断 0 服务的。也即当外部中断 0 申请中断,CPU 响应中断时会自动调用该函数。

beep=0;这条语句作用是打开蜂鸣器,要理解这条语句的作用,应先理解 sbit beep=P3^3 语句,该语句相当于定义一个变量 beep 与 P3 端口的第 3 脚相对应,即对 beep 变量操作就是对 P3 端口的第 3 脚操作。beep=0 表示控制 P3 端口的第 3 脚为低电平,根据告警电路可知,该脚连接在 PNP 管的基极,当它为低电平时,该 PNP 管导通使得蜂鸣器有电流流过,从而发现告警声。同理可解释 beep=1 表示关闭蜂鸣器。

任务三 设计制作计数报警器

接下来我们在本项目任务二基础上做一些改进,即红外对管每检测到一次,做一次计数,当计数累加到一个设定值时再报警。同时,为了能看到计数值的变化,需要增加 2 个数码管;为了能手动设置报警值,需要增加几个按键。

一、选择元器件

在这个任务中,我们需要的元器件清单如表 3-6 所示。

表 3-6 增加的元器件清单

序号	名 称	型号/参数	数量
1	2 位共阳数码管		1
2	电阻	300Ω	8
3	IC 芯片	74LS245	1
4	三极管	PNP8550	3
5	电阻	1kΩ	3
6	电阻	10kΩ	12
7	复位开关	/	4
8	IC 底座	20 脚	1
9	IC 底座	10 脚	1
10	红外发射二极管		1

续表

序号	名　　称	型号/参数	数量
11	红外接收二极管		1
12	反相器	74LS04P	1
13	蜂鸣器		1
14	排针	/	2排18针
15	导线	/	若干

二、设计硬件电路

计数报警硬件电路图、计数报警器总体连接图分别如图 3-13 和图 3-14 所示。

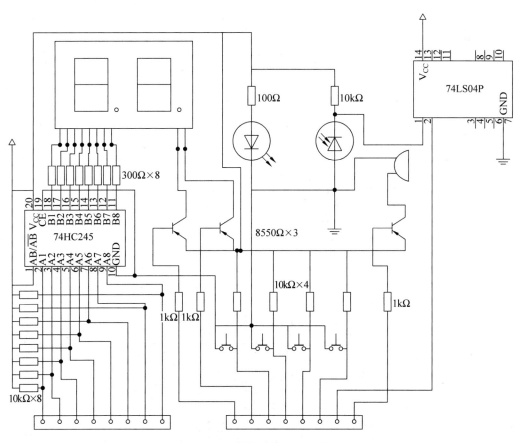

图 3-13　计数报警硬件电路图

三、设计程序

计数报警器正常工作时,数码管显示的是计数的值,每检测一次,数值增加一次,达到了设定的报警值时就发出报警的声音。因此我们可以给出计数器程序流程框图,如图 3-15 所示。

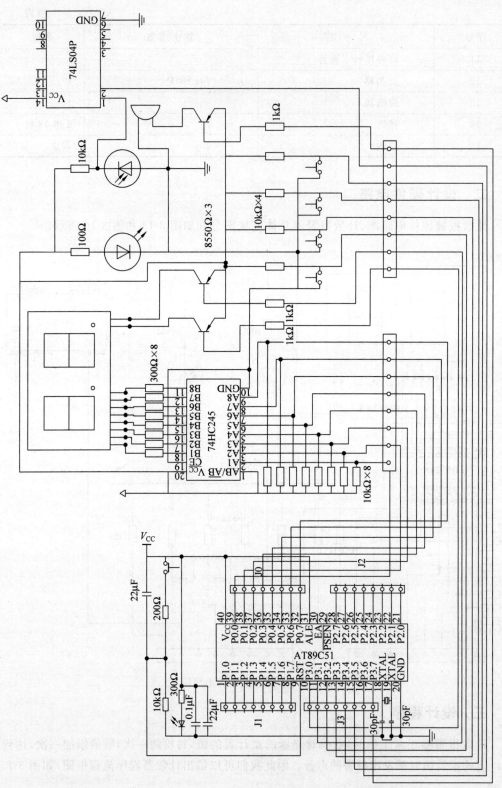

图 3-14 计数报警器总体连接图

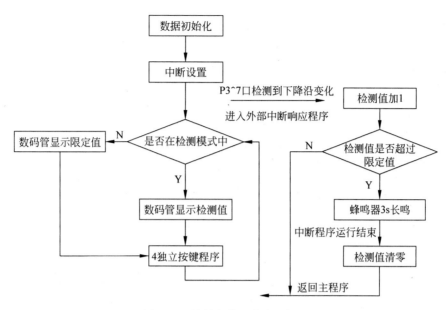

图 3-15　计数报警程序流程框图

现在先把完整的程序代码呈现出来,详细的程序分析及编写思路放在后面的程序解析中阐述。

```
#include<AT89X51.h>
#define uint unsigned int
#define uchar unsigned char
uchar num_re,num_co,numtkey,beep;//检测值,限定值,调节开关值,蜂鸣器开关变量
uchar code led[10]={0x3f,0x06,0x5b,0x4f,
0x66,0x6d,0x7d,0x07,0x7f,0x6f};   //数码管显示 0~9
/******************************************************/
//函数名:delay(uint x)
//功能:延时程序
//调用函数:
//输入参数:x
//输出参数:
//说明:程序的延时时间为 x 乘以 0.5ms
/******************************************************/
void delay(uint x)
{
    uchar y,z;
    for(y=x;y>0;y--)
        for(z=250;z>0;z--);   //该步运行时间约为 0.5ms
}
/******************************************************/
//函数名:display(uchar num)
//功能:2 位数码管显示
//调用函数:delay_1ms(uint x)
//输入参数:num
```

```c
//输出参数:
//说明: P0口做数码管段选,P3口做位选
/***************************************************************/
void display(uchar num)
{
    uchar j,dis_w=0x01;
        for(j=0;j<2;j++)
        {
            P0=0xff;                    //段选口置高,消影
            P3=~dis_w&beep;             //位选值
            if(j>0)
                P0=~led[num/10];        //显示num个位
            else
                P0=~led[num%10];        //显示num十位
            dis_w=dis_w<<1;
            delay(10);                  //延时5ms
        }
}
/***************************************************************/
//函数名: keyplay()
//功能: 4键独立键盘程序
//调用函数:
//输入参数:
//输出参数:
//说明: 4功能键的工作设定
/***************************************************************/
void keyplay()
{
    if(P3_3==0)
    {
        delay(6);                       //消抖
        if(P3_3==0)
            numtkey=0;                  //开关值置0,进入检测模式
    }
    if(P3_6==0)
    {
        delay(6);                       //消抖
        if(P3_6==0)
            numtkey=1;                  //开关值置1,进入限定值设定模式
    }
    if(numtkey==1)                      //在限定值设定模式下
    {
        if(P3_4==0)
        {
            num_co=num_co+10;
            if(num_co>99)
                num_co=num_co-100;      //数值十位在0~9之间累加
        }
        while(P3_4!=1)                  //松手检测
```

```c
            display(num_co);
        if(P3_5==0)
        {
            if(num_co%10==9)
                num_co=num_co-9;
            else
                num_co++;                //数值个位在 0~9 之间累加
        }
        while(P3_5!=1)                   //松手检测
            display(num_co);
    }
}
void main()
{
    num_re=0;
    num_co=99;
    numtkey=0;
    beep=0xff;                           //初始化
    EA=1;                                //开许总中断
    EX0=1;                               //开外部中断 0
    IT0=1;                               //中断触发方式为边沿触发
    while(1)
    {
        if(numtkey==0)
            display(num_re);
        else
            display(num_co);
        keyplay();
    }
}
/************************************************************/
//函数名: intorupt() interrupt 0
//功能: 外部中断 0 响应程序
//调用函数: display(uchar num)
//输入参数:
//输出参数:
//说明: 测定值累加,判断是否超过限定值并响应
/************************************************************/
void intorupt() interrupt 0              //电平下降沿触发,红外检测中断函数
{
    uint i;
    while(P3_2!=1)                       //防检测误差
        display(num_re);                 //显示消抖
    num_re++;
    if(num_re>=num_co)
    {
        beep=0x7f;                       //开蜂鸣器
        for(i=300;i>0;i--)
            display(num_re);             //延时 3s
```

```
        beep=0xff;              //关蜂鸣器
        num_re=0;               //检测值清零
    }
}
```

四、仿真项目

根据已有硬件电路图及程序代码,我们就可以绘制出计数报警器仿真图(见图 3-16),并在 Proteus 仿真软件中进行虚拟仿真了。

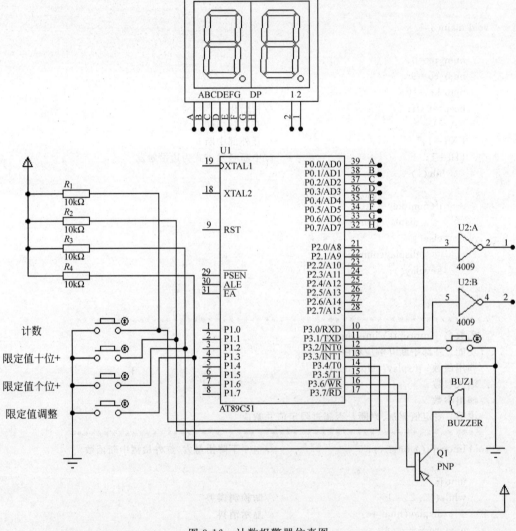

图 3-16 计数报警器仿真图

此仿真图与电路原理图相比作了些小的改动:

① 在实际电路图中为了考虑对数码管的驱动能力,从单片机 P0 端口引出的段码值需要经过 74HC245 芯片驱动,然后再送到数码管的 a、b、c、d、e、f、g、h 脚。在仿真图中由

于不需要考虑电流驱动能力,我们就省了这部分电路,从 P0 端口引出后直接送到数码管的 a、b、c、d、e、f、g、h 脚。

② 在实际电路图中,由于数码管是共阳数码管,采用了 2 只 PNP8550 作为开关管,既是起反相器作用,也是增大电流驱动能力,控制数码管的 2 只位选脚。在仿真图中由于不需要考虑驱动能力,采用了 2 只 4009 反相器连接数码管的位选脚。

③ 在实际电路图中,需要 2 只红外发射管、红外接收管组成报警检测电路,由于在仿真软件中缺少红外发射管仿真元件,因此,P3.2 外部中断引脚采用通过一个按钮连接到地方式来模拟报警时提供低电平。

仿真成功结果如图 3-17 所示。

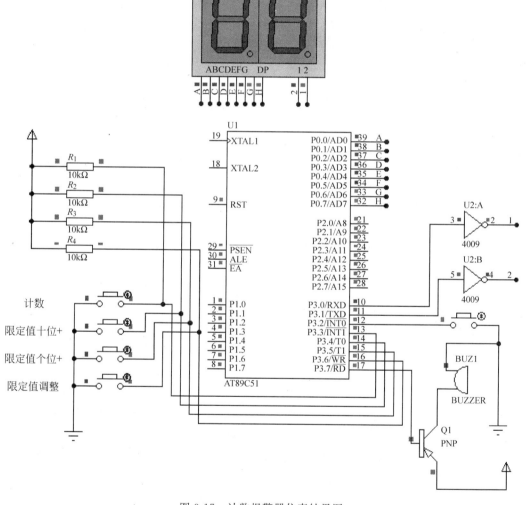

图 3-17 计数报警器仿真结果图

五、制作电路板

按照图 3-13 所示硬件电路图,认真焊接,制作成功的电路板如图 3-18 所示。

图 3-18 计数报警电路实物图

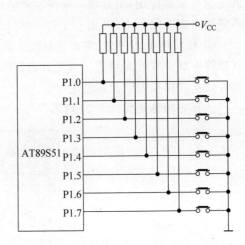

图 3-19 独立式按键电路(要修改)

六、独立按键知识及程序解析

在本项目的计数报警器中所用的按键并不多,只有 4 个按键,因此采用独立式按键设计。通过 I/O 连接,将每个按键一端接到单片机的 I/O 口,另一端接地,如图 3-19 所示便是独立式按键电路原理图。由图 3-18 可知,当按键没有按下时,单片机接按键所在的引脚由于接有电压与电阻会被上拉至高电平,当有其中任何一键被按下时,由于按键另一端直接接地,因此,该按键所接的单片机引脚的电平会被拉至低电平。因此,我们在编程时想要判断有没有按键被按下,只需查询哪只引脚的电平是不是低电平就可以了。

在详细解析程序之前,先看图 3-15 所示的程序流程框图,了解程序编写的思路。图 3-15 的左边是主程序流程框图,右边是中断服务程序流程框图。

数据初化阶段完成的是给相关变量赋初值,如当前检测值——num_re=0、报警限定值——num_co=99、程序运行模式开关值——numtkey=0 三条语句。

中断设置由三条语句完成:

EA=1;前文中断知识告诉我们如果要用到中断功能,必须打开总中断功能。

EX0=1;同理,要用到外部中断 0 的功能,也必须打开外部中断 0 的功能。

IT0=1;在这里把中断触发方式设为电平下降沿触发方式。

接下来,单片机要做的是两件事,一件是如果没有中断发生,就在数码管上是显示当前检测值,并扫描按键是否有按下,程序代码是:

```
while(1)
{
    if(numtkey==0)
    //numtkey 可取值 0 或 1,0 表示正常运行检测模式,1 表示设置报警值模式
```

```
            display(num_re);
        //display()是个函数,功能是在数码管上显示 num_re 值,即当前检测值
        else
            display(num_co);    //用 display()函数显示 num_co 值,即报警记录值
        keyplay();              //扫描按键,并做相应数据处理
}
```

另一件便是如果发生了中断,就响应中断,执行中断服务程序。程序代码是:

```
/****************************************************************/
//函数名:intorupt() interrupt 0
//功能:外部中断 0 响应程序
//调用函数:display(uchar num)
//输入参数:
//输出参数:
//说明:测定值累加,判断是否超过限定值并响应
/****************************************************************/
void intorupt() interrupt 0    //下降沿触发,红外检测中断函数
{
    uint i;
    while(P3_2!=1)
    //此 while 循环检测误差的作用很重要,有此循环存在保证了只有当电平下降又上升
        display(num_re);    //才是真正的一次检测
    num_re++;               //当前检测值加 1
    if(num_re>=num_co)      //判断当前检测值是否达到了报警值
    {
        beep=0x7f;          //开蜂鸣器
        for(i=300;i>0;i--)
            display(num_re);    //延时 3s
        beep=0xff;          //关蜂鸣器
        num_re=0;           //检测值清零
    }
}
```

该中断服务函数中难以理解的语句是 beep=0x7f,它的作用是为打开蜂鸣器做准备的。并不是直接通过这条语句打开蜂鸣器,为什么赋以 0x7f 这个值而不是其他值呢?这要与蜂鸣器的硬件电路联系起来才能理解,通过查看电路可知,蜂鸣器控制脚是连到 P3 端口的 P3.7 脚,而且只有该脚为低电平才会使蜂鸣器发出声音,再加上 P3 端口的其他 7 脚又有其他作用,而且平时是高电平,因此只能赋 0x7f 这个值;同理,关闭蜂鸣器只能赋 0xff 值。

```
for(i=300;i>0;i--)
    display(num_re);
```

这个循环语句的作用理解也有点困难,这里解释如下:前边程序代码说明中已知道 display(num_re)这个函数的作用是在数码管上显示检测值,这里通过 for 循环语句循环 300 次的目的是在数码管上显示检测值,同时蜂鸣器持续响约 3s 的时间。为什么循环 300 次只是 3s 时间呢?查看下边 display()函数代码便可以明白,该函数中有一个 2 次的循环,每次循环中会延时 5ms,因此函数执行下来大约会耗时 10ms(忽略程序代码执行时间),所以 300 个 10ms 就是 3s 时间。

```
void display(uchar num)
{
    uchar j,dis_w=0x01;
        for(j=0;j<2;j++)
        {
            P0=0xff;                     //段选口置高,消影
            P3=~dis_w&beep;              //位选值
            if(j>0)
                P0=~led[num/10];         //显示 num 个位
            else
                P0=~led[num%10];         //显示 num 十位
            dis_w=dis_w<<1;
            delay(10);                   //延时 5ms
        }
}
```

需要说明的是,display()函数除了在数码管显示数值外还有一个附加功能,便是真正打开或关闭蜂鸣器。

该函数的参数 num 变量值是被显示的值,dis_w 的初值 x01(二进制 00000001)表示的是数码管动态显示时先显示第 1 个数码管,后边的 dis_w=dis_w<<1 移位并赋值语句得到 dis_w 的值变为 0x02(二进制 00000010),表示的是第 2 次显示的是第 2 个数码管。

语句 P3=~dis_w&beep 实现两个功能:完成数码管显示的选位、真正实现了打开或关闭蜂鸣器。假设 dis_w 的初值是 x01 表示先显示第 1 个数码管,beep 的值为 0x7f 表示打开蜂鸣器,那么执行 P3=~dis_w&beep 语句后,赋值给 P3 端口的值是二进制 01111110,即对应 P3 端口的第 1 只脚(P3.0 脚)是低电平,P3 端口的第 8 只脚(P3.7 脚)是低电平,其余 6 只脚都为高电平,再对照本项目的硬件电路图,发现实现的效果刚好是点亮第 1 只数码管、打开蜂鸣器。

最后分析 keyplay()函数,它实现独立按键的扫描功能及相关功能的处理。先交代 4 个按键的作用:一个计数功能,按一下进入计数模式,该键连在 P3.3 端口;一个报警值设定功能,按一下进入报警值设定模式,该键连在 P3.6 端口;一个报警值个位数调整功能,每按一下个位数加 1,在 0~9 数字间变化,该键连在 P3.5 端口;一个报警值十位数调整功能,每按一下十位数加 1,在 0~9 数字间变化,该键连在 P3.4 端口。该函数的流程框图如图 3-20 所示。

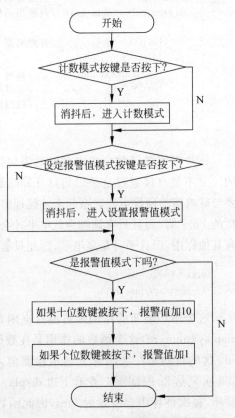

图 3-20　keyplay()函数的流程框图

在理解 keyplay() 函数过程中,有几条语句需要注意一下,比如:

```
if(P3_4==0)
{
    num_co=num_co+10;
    if(num_co>99)
        num_co=num_co-100;
}
```

由于本项目选择的数码管只有 2 位,所以当报警值设置值超过最大数 99 后要恢复为 0。

还有松手检测语句:

```
while(P3_4!=1)              //松手检测
    display(num_co);
```

为什么要加上松手检测语句?因为,如果没有松手检测,会造成以下结果:我们按一次按键,单片机会误以为按了很多次,导致设置十位数或个位数时,该数不准确。有了松手检测后,只有在松手后,单片机才去累加,就不会出现数据不准确了。

任务四 拓展训练

在本项目制作中,掌握和利用单片机的中断知识是重点,在项目中以使用外部中断 0 为例介绍了中断的使用过程及使用方法;51 单片机共有 3 种 5 个中断,即外部中断两个,定时器/计数器中断两个,串行中断一个。对某个中断的具体运用当然会有所不同,但总体思路应该是相似的,在这里我们提出几个拓展项目,希望学习者能在理解任务二、任务三基础上灵活编写程序实现拓展功能。

一、使用下降沿触发方式修改简易报警器

训练目的:

理解外部中断的 2 种触发方式——低电平触发方式、下降沿触发方式。

要求:

在不改变简易报警器硬件电路前提下,修改程序,把简易报警器程序中原来的低电平触发方式改为采用下降沿触发方式,实现报警功能。

二、采用定时器中断实现每隔 10 秒报警一次功能

训练目的:

学会使用定时器中断,掌握计算定时器中计数器的初始值等。

要求:

在不改变简易报警器硬件电路前提下,修改程序,使用定时器定时 10s,定时时间到后即启动蜂鸣器报警,报警持续时间若干秒,然后再次启动定时器定时 10s,再报警;如此循环运行。

三、倒计时中断报警

训练目的：
训练灵活运用数码管显示、定时器定时、中断。设置与运用等技能和知识。
要求：
在不改变本项目任务三计数报警器硬件电路基础上，修改程序实现：定时器定时10s，然后倒计时，在数码管上依时间显示 10、9、8、7、6、5、4、3、2、1、0 后启动报警；然后再次下一个定时 10s，再显示、再报警，如此循环运行。

四、可调倒计时中断报警

训练目的：
综合数码管显示、定时器定时、中断、独立按键的使用等。
要求：
在倒计时中断报警的基础上，添加按键识别、功能设置，修改程序实现：定时器定时秒数通过按键可调，调整确定后。在数码管上依时间显示倒计时数，计时终止后启动报警；然后再次进行下一个该秒数倒计时，再显示、再报警，如此循环运行，直到下次设置一个不同秒数。

知识训练

1. 8051 单片机有几个中断源？各个中断是如何产生的？又是如何清零的？
2. 外部中断源有几种触发方式？分别为哪几种？怎样进行设定呢？
3. 用定时器 T1 定时，要求在 P1.6 口输出一个方波，周期为 1s，晶振频率为 12MHz，请用中断方式实现。

汉字点阵的设计与制作

> **需要掌握的理论知识：**
> - C51 程序语言中一维数组、二维数组的使用。
> - 74HC595 各管脚功能以及与单片机的通信编程。
> - 74HC154 各管脚功能及使用方法。
> - 8×8 点阵的管脚排列以及点阵的点亮方式。
>
> **需要掌握的能力：**
> - 会选择合适 I/O 端口作为输出脚。
> - 理解并会使用适当循环语句完成循环功能。
> - 掌握 8×8 点阵以及 16×16 点阵显示汉字的编程。

任务一 明确 8×8 点阵的设计要求

随着电子技术的发展，大规模 LED 点阵的应用越来越广泛，街头到处可见各式各样的大规模 LED 点阵。

广告屏幕。实现这些汉字的显示也并不是很复杂，在本项目中将带领大家一起制作显示汉字的点阵，即 8×8 点阵、16×16 点阵。

8×8 点阵的设计要求：

利用一个 8×8 点阵元件设计一个 8×8 的点阵，并通过编写程序在上面显示一个"欢"字。

16×16 点阵的设计要求：

利用 4 个 8×8 点阵设计一个 16×16 的点阵，并通过编写程序在上面显示一个"迎"字，8×8 点阵实物照片如图 4-1 所示。

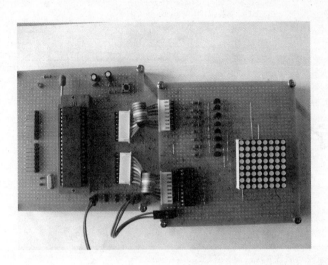

图 4-1 流水灯实物图

任务二 设计制作 8×8 点阵

在这里我们将给出制作 8×8 点阵所需的元器件及型号,便于学习者购买及选用,给出 8×8 点阵的硬件连接原理图和 8×8 点阵的控制程序,最后介绍使用仿真软件仿真 8×8 点阵的操作过程。

一、选择元器件

8×8 汉字点阵所用元器件如表 4-1 所示,其中单片机最小系统板在项目准备中已制作完成,可直接使用。

表 4-1 8×8 点阵所用元器件

序号	名称	型号/参数	数量
1	8×8 LED 点阵	红色	1
2	芯片	74LS245	1
3	电阻	300Ω	8
4	电阻	1kΩ	8
5	三极管	8550	8
6	单孔板	/	1
7	IC 底座	20 脚	1
8	排针	/	18 针

二、设计硬件电路

8×8 LED 点阵的硬件连接原理图(见图 4-2)可以分为两部分:

① 单片机的最小系统连接图,此部分已在"项目准备二"中制作完成,读者可直接使用。

② 图 4-2 所示电路中最易连错的是 8×8 点阵元器件,8×8 点阵元件由 64 个圆点状发光二极管构成。排成同一行的二极管的正极连在一起形成一根行脚,这样有 8 根行脚;排成同一列的二极管的负极连在一起形成一根列脚,这样有 8 根列脚,共有 16 根管脚。当某一时刻某一行与某一列相通电时,该行与该列所在交叉点的发光二极管就被点亮,不同的点被点亮就能构成一个字,因此想要显示一个字,只需把它画出来,笔画所经过的点即是被点亮的点,没有被笔画经过的点不要亮即可。

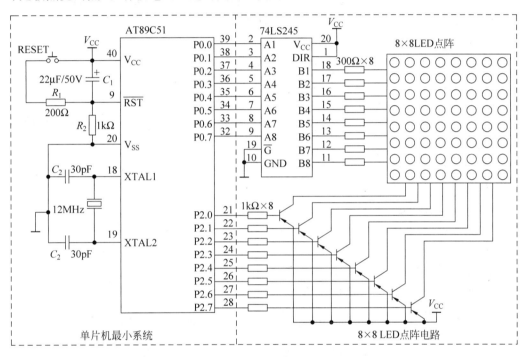

图 4-2 8×8 LED 点阵的硬件连接原理图

需要注意的是,8×8 LED 点阵的 8 根行脚、8 根列脚的分布并不是规律的,可以用数字万用表测出管脚的分布。方法是:数字万用表的红笔、黑笔任意搭两只脚,直到测试出点阵中有二极管发亮,这时红笔不要动,移动黑笔到其他脚上,测试出其他能使二极管发亮的脚,记住红笔所接的脚即为行脚,黑笔所接的脚即为列脚,依据点阵所亮点即可确定第几根行脚、第几根列脚。使用此方法测出所有行脚、列脚并注上标记。

③ 8×8 LED 点阵的硬件连接图,如图 4-2 所示,主要由一块 8×8 LED 点阵、一块 74LS245、8 个 PNP(8550)三极管、8 个 1kΩ 电阻、8 个 300Ω 的电阻组成。单片机的 P2 口接 8 个 1kΩ 电阻,然后连接 8 个 PNP 三极管,作为 8×8 LED 点阵的行扫描,8×8 LED 点阵采用行扫描共阳的显示方法,由于 PNP 三极管反相的作用,P2 口输出为共阴的驱动编码。单片机的 P0 口接 74LS245 作为 8×8 LED 点阵的列输出,P0 口为共阳的编码输出。

三、设计程序

在程序设计时,首先弄清楚点阵显示汉字的机理能更好地理解程序实现的思路。

图 4-3 示意图中表示的是 8×8 点阵显示一个"欢"字,显示该字时并不是一次性显示出来,而是从左往右扫描,先显示第 1 行的 3 个点,接着是第 2 行的 2 个点,依次顺序,最后显示第 8 行的 3 个点,由于单片机控制这个逐行显示过程其实是很快的,对人眼感觉来讲几乎是瞬间实现,因此看上去是同时显示出这个汉字。这个方法就是动态扫描。

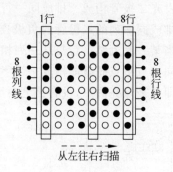

图 4-3 点阵汉字

根据上面硬件电路的设计思路,本项目采用行扫描共阳的显示方式,所以单片机的 P2 口控制点阵的行线(相当于多位数码管的位码),单片机的 P0 口控制点阵的列线(相当于多位数码管的段码),注意由于硬件电路中存在三极管反相的作用,所以对于 P2 口的输出在程序编写时,采用共阴的方式进行编码。

P2 口和 P0 口的输出在程序设计时采用查表的方式进行设计,表格数据采用一维数组的方式进行存放。

例如 P2 口接的是 8 根行线,8 根线上的高低电平决定了点阵的某一行发光二极管能不能通电。接合硬件电路考虑,当给这 8 根线赋 0xFE(二进制为 11111110)值,显然示意图 4-3 中第 1 行被通电,为了使第 2 行被通电,给 8 根线赋值 0xFD(二进制 11111101),以此类推,依次使 8 根线通电给予的值便是 0xFE、0xFD、0xFB、0xF7、0xEF、0xDF、0xBF、0x7F。把这 8 个值事先存到数组中:

uchar code led_w[ ]={0xFE,0xFD,0xFB,0xF7,0xEF,0xDF,0xBF,0x7F}

依据图 4-3 可知,扫描第 1 行,应该点亮 3 个点,再结合硬件电路可知,为使这 3 个点被点亮,相应的线应给予低电平,因此,8 根列线应赋值为 0xCB(二进制 11001011);扫描第 2 行时,应该点亮 2 个点,相应的给予 8 根列线值为 0xD7;以此类推,依次给 8 根列线的值便是 0xCB、0xD7、0xCB、0xDE、0x3D、0x83、0xBD、0x9E。把这 8 个值事先存在数组中:

uchar code led[ ]={0xCB,0xD7,0xCB,0xDE,0x3D,0x83,0xBD,0x9E}

有了上面 2 个数组,实现扫描相对就简单了,从 led_w[ ]数组中取一个数据给 P2 口,从 led[ ]数组中取一个数据给 P0 口,就实现扫描一行,只要交替取 8 次数据并传送给 P2 口、P0 口,就实现了一次扫描,从而实现显示汉字。

在本项目中,主程序非常简单,是一个"死循环",主要完成显示函数的无限次调用。而显示函数其实为一个循环次数为 8 次的循环子程序,流程框图如图 4-4 所示。

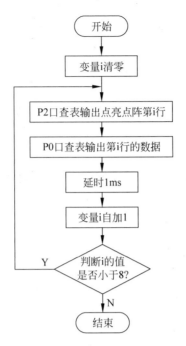

图 4-4 显示函数的流程框图

项目源程序如下：

```c
#include<AT89X51.h>
#define uint unsigned int
#define uchar unsigned char
uchar code led[]={0xCB,0xD7,0xCB,0xDE,0x3D,0x83,0xBD,0x9E};    //汉字"欢"
uchar code led_w[]={0xFE,0xFD,0xFB,0xF7,0xEF,0xDF,0xBF,0x7F};  //P2 口列扫描值
/*************************************************************/
//函数名：delay(uint x)
//功能：延时程序
//调用函数：无
//输入参数：x
//输出参数：无
//说明：程序的延时时间为 x 乘以 0.5ms
/*************************************************************/
void delay(uchar x)
{
    uchar y,z;
    for(y=x;y>0;y--)
        for(z=250;z>0;z--);            //该步运行时间约为 0.5ms
}
/*************************************************************/
//函数名：ledplay()
//功能：led 点阵显示程序
//调用函数：无
//输入参数：无
```

//输出参数:无
//说明:点阵采用行扫描共阳极的方式进行显示
/***/
```
void ledplay()
{
    uchar i;
    for(i=0;i<8;i++)
    {
        P2=led_w[i];                    //引入列扫描值
        P0=led[i];                      //引入行显示数据
        delay(2);                       //延时 1ms
    }
}
```
/***/
//主程序
/***/
```
void main()
{
    while(1)
    {
        ledplay();                      //调用显示程序
    }
}
```

四、项目仿真

程序编写好,在 Keil 编译环境编译通过后,为了提高实际制作电路板的成功率,我们建议先用 Proteus 仿真软件仿真一遍,以确保该项设计在理论上是成功的。仿真步骤如下:

① 启动 Proteus 仿真软件。

② 从 Proteus 仿真软件的元器件库里选出此次仿真需要用到元器件,按表 4-2 所示的元件清单添加元件。由于仿真软件 Proteus 的限制,8 个 PNP 三极管在仿真时采用 4009 非门来代替。

表 4-2　8×8 LED 点阵的元件清单

元 件 名 称	所 属 类	所 属 子 类
AT89C51	Microprocessor ICs	8051 Family
74LS245	TTL 74LS series	Transceivers
4009	CMOS 4000 series	Buffers & Drivers
MATRIX-8×8-RED	Optoelectronics	Dot Matrix Displays

元件全部添加后,在 Proteus ISIS 的编辑区域中按图 4-5 所示的电路原理图连接硬件电路。

在 Proteus ISIS 中,将 Keil 产生的 HEX 文件加入 AT89C51 中,并仿真电路检验系统运行状态是否符合设计要求,点阵的显示效果如图 4-6 所示。

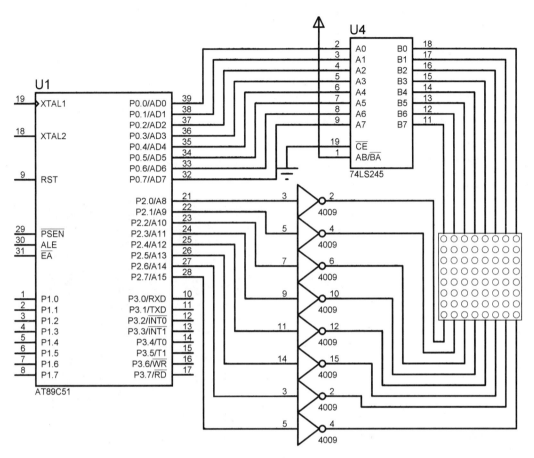

图 4-5　8×8 LED 点阵的电路仿真图

图 4-6　点阵显示效果图

五、制作电路板

在制作本电路板时,考虑到前面我们已完成单片机系统的制作,此处只制作 8×8 点阵显示电路板,显示电路见图 4-2 所示。

制作步骤如下:

① 根据电路板合理布局,在合适位置放置芯片底座。注意 8×8 LED 点阵的管脚有两种,一种是 16 脚的,一种是 24 脚的。在连线之前要注意点阵的管脚号,点阵本身不存

在共阴共阳,只是在连线时存在共阴的连法或共阳的连法,连线之前可通过万用表二极管挡测出点阵的管脚号。本项目中采用 16 脚的 8×8 LED 点阵,假如让点阵表面正对着我们,点阵的标签序列号朝下,则其 8 根行脚、8 根列脚的分布如图 4-7 所示。

② 将 74LS245 的 A1~A8 分别与单片机的 P0 口相接,而 74LS245 的 B1~B8 端与 8 个 300Ω 的电阻连接,而这 8 个电阻的另一端与 8×8 点阵的列线相接。

③ 将 8 个三极管的集电极(c)分别与 8×8 点阵的行线相接。

④ 将 8 个三极管的发射极(e)一起接电源。

⑤ 将 8 个三极管的基极(b)分别串接 1kΩ 电阻并与单片机的 P2 口相接。

焊制成功的电路板如图 4-8 所示。

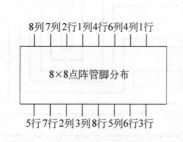

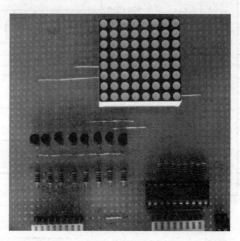

图 4-7　8×8 LED 点阵管脚分布图　　　　图 4-8　8×8 LED 点阵显示电路连接图

六、C51 数组知识及应用

C 语言具有使用户能够定义一组有序数据项的功能,这组有序的数据就是数组。数组是一组具有固定数目和相同类型成分分量的有序集合。如整型变量的有序集合称为整型数组,字符型变量的有序集合称为字符型数组。数组中这些单个的整型或字符型数据,称为数组元素。

构成一个数组的各元素必须是同一类型的变量,而不允许在同一数组中出现不同类型的变量。

数组数据是用同一名字的不同下标访问的,数组的下标放在方括号中,是从 0 开始的一组有序整数。例如 a[i],当 i=0,1,2,…,n 时,a[0],a[1],…,a[n] 分别是数组 a[i] 的元素(或成员)。常用的数组主要有一维数组、二维数组和字符数组。

(一) 一维数组

1. 一维数组的定义方式

类型说明符　数组名[整型表达式]

例如,"char ch[10]"语句定义了一个一维字符型数组,有 10 个元素,每个元素由不同的下标表示,分别为 ch[0]~ch[9]。注意,数组的第一个元素的下标为 0 而不是 1。

2. 数组的初始化

所谓数组初始化,就是在定义说明数组的同时,给数组赋新值。这项工作是在程序的编译中完成的。

对一维数组的初始化可用以下方法实现。

① 在定义数组时对数组的全部元素赋予初值。

② 只对数组的部分元素赋予初值。

③ 在定义数组时,若不对数组的全部元素赋初值,则数组的全部元素被默认地赋值为0。

例如:

① int idata a[6]={0,2,4,6,8,10};

② int idata a[10]={0,1,2,3,4 };

③ int idata a[10];

在第①条语句中,将数组的全部元素的初值依次放在花括号中,这样初始化后,a[0]~a[5]的值均已赋值。

在第②条语句中,数组共有10个元素,但花括号中只有5个初值,则数组的前5个元素被赋予初值,而后5个元素的值均为0。

在第③条语句中,a[0]~a[10]全部被赋予初值0。

(二)二维数组

1. 二维数组的定义方式

类型说明符　数组名[常量表达式][常量表达式];

例如,"int a[3][4]"语句定义了3行4列共12个元素的二维数组。

二维数组的存取顺序是:按行存取,先存取第一行元素的第0列、第1列、……直到第一行的最后一列;然后返回到第二行开始,再取第二行的第0列、第1列、……直到第二行的最后一列;如此顺序下去,直到最后一行的最后一列。

2. 二维数组的初始化

对二维数组的初始化可用以下方法实现。

① 对数组的全部元素赋初值。这种赋值方法又可以分为两种,一种是分行给二维数组的全部元素赋初值;另一种是将所有数据放在一个花括号中,按数组的排列顺序对各元素赋初值。

② 对数组中部分元素赋初值。

例如:

- int a[3][4]={{1,2,3,4},{2,3,4,5},{3,4,5,6}};
- int a[3][4]={1,2,3,4,2,3,4,5,3,4,5,6};
- int a[3][4]={{1},{2},{3}};
- int a[3][4]={{1},{ },{3,4}};

第①和②条语句的作用是一样的,均对数组的所有元素进行了赋值,尤其是第①条语句,数组中行数被省略了,但是语句被编译时能根据后面赋值自动判断出有3行。

而第③条语句执行后,数组元素如下:

$$\begin{bmatrix} 1 & 0 & 0 & 0 \\ 2 & 0 & 0 & 0 \\ 3 & 0 & 0 & 0 \end{bmatrix}$$

第④条语句执行后，数据元素如下：

$$\begin{bmatrix} 1 & 0 & 0 & 0 \\ 0 & 0 & 0 & 0 \\ 3 & 4 & 0 & 0 \end{bmatrix}$$

（三）字符数组

基本类型为字符类型的数组称为字符数组。显然，字符数组是用来存放字符的。在字符数组中，一个元素存放一个字符，所以可以用字符数组来存储长度不同的字符串。

1. 字符数组的定义

字符数组的定义与数组定义的方法类似。

2. 字符数组初始化

字符数组初始化的最直接的方法是将各字符逐个赋给数组中的各个元素。如，

char a[10] = { 'B', 'E', 'I', ' ', 'J', 'I', 'N', 'G', '\0' };

定义了一个字符型数组 a[ ]，有 10 个数组元素，并且将 9 个元素（其中包括一个字符串结束标志"\0"）分别赋给了 a[0]～a[8]，而 a[9] 被系统自动赋予空格字符。其状态如下所示：

a[0]	a[1]	a[2]	a[3]	a[4]	a[5]	a[6]	a[7]	a[8]	a[9]
B	E	I		J	I	N	G	\0	

C 语言还允许用字符串直接给字符数组置初值，其方法有以下两种：

① char a[10] = {"BEI JING"};

② char a[10] = "BEI JING"。

用" "括起来的一串字符，称为字符串常量，C 编译器会自动在字符末尾加上结束符"\0"。

用' '括起来的字符为字符的 ASCII 码值，而不是字符串。比如 'a' 表示 a 的 ASCII 码值 97；而 "a" 表示一个字符串，由两个字符 a 和 \0 组成。

一个字符串可以用一维数组来装入，但数组的元素数目一定要比字符多一个，以便 C 编译器自动在其后面加入结束符"\0"。

任务三　设计制作 16×16 点阵

由于 8×8 点阵的发光二极管的个数较少，只有 64 个，无法显示一些复杂的汉字和符号，因此在现实生活中，常用 16×16 点阵（由 4 个 8×8 点阵组成）显示一个汉字，这样的汉字显示较为美观、大方，是目前 LED 广告牌常用的显示方式。

本任务主要介绍如何制作一个 16×16 点阵来显示汉字。在这里，我们将给出制作

16×16 点阵所需的元器件及型号,便于学习者购买及选用,给出 16×16 点阵的硬件连接原理图,给出 16×16 点阵的控制程序,最后介绍使用仿真软件仿真 16×16 点阵的操作过程。

一、选择元器件

16×16 汉字点阵所用元器件如表 4-3 所示,其中单片机最小系统板在项目准备中已制作完成,可直接使用。

表 4-3　16×16 点阵所用元器件

序号	名　　称	型号/参数	数量
1	8×8 LED 点阵	红色	4
2	芯片	74HC595	2
3	芯片	74HC154	1
4	电阻	300	16
5	电阻	1kΩ	16
6	三极管	8550	16
7	单孔板	/	1
8	IC 底座	16 脚	2
9	IC 底座	24 脚	1
10	排针	/	10 针

二、设计硬件电路

硬件设计说明:

16×16 点阵汉字显示是基于 8×8 点阵汉字显示的改进项目,它们的显示原理是一致的。与 8×8 点阵汉字显示相比需要用到 4 块 8×8 点阵,有 16 根行线、16 根列线。显然,要把 4 块 8×8 点阵两两分组,每组之间列线与列线相并联,行线与行线相并联,然后把 2 组的行线、列线并排接出构成 16 根行线、16 根列线。

如图 4-9 所示,标号为 1 的点阵和标号为 2 的点阵的 8 根列线两两并联,标号为 3 的点阵与标号为 4 的点阵的 8 根列线两两并联,然后组成 16 根列线。

标号为 1 与标号为 4 的点阵的 8 根行线两两并联,标号为 3 与标号为 2 的点阵的 8 根行线两两并联,然后组成 16 根行线。

16×16 点阵需要用到 32 根线,明显不适合直接连接到单片机管脚上,因为太占用单片机宝贵的引脚资源了。在项目中我们使用 4 线→16 线译码芯片 74HC154 作为连接单片机与 16×16 点阵 16 根行线的中介,这样就达到了 4 根引脚控制点阵的 16 根行线。另外再用 2 块串行输入 8 位并行输出移位寄存器芯片 74HC595 作为连接单片机与点阵的 16 根列线,这样达到了用 3 根引脚控制 16 根列线输入。

16×16 点阵的硬件连接原理图(见图 4-9)可以分为两部分:

① 单片机的最小系统连接图,此部分已在"项目准备二"中制作完成,读者可直接使用。

② 16×16 LED 点阵的硬件连接图,如图 4-9 所示,由 4 块 8×8 LED 点阵、1 块

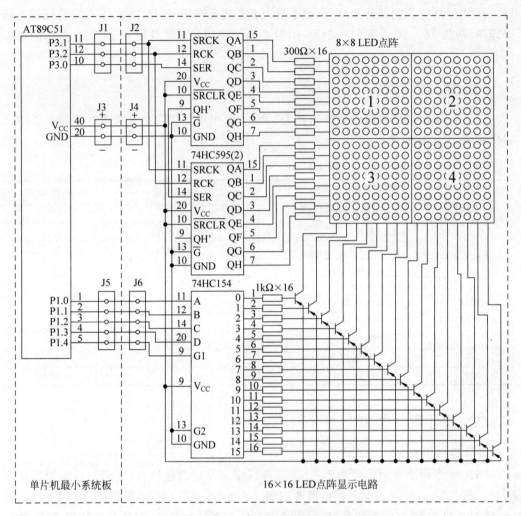

图 4-9　16×16 LED 点阵的硬件连接原理图

74HC154、2 块 74HC595、16 个 PNP(8550) 三极管、16 个 1kΩ 电阻、16 个 300Ω 的电阻组成。点阵采用共阳列扫描方式进行点亮工作,点阵位码通过 74HC154 输出数据,点阵段码通过 74HC595 输出数据。

③ 图中的 J1~J6 为排针,其中 J1 和 J2、J3 和 J4、J5 和 J6 分别通过排线相连。

三、设计程序

在程序设计时,由于外围硬件电路与 8×8 点阵不同,因此程序设计思路也有所不同。

根据上面硬件电路的设计思路,本项目采用共阳列扫描的显示方式,单片机通过 1 片 74HC154 控制输出 16×16 点阵的行数据,单片机再通过 2 片 74HC595 控制输出 16×16 点阵的列线的数据。为简化串行输入 74HC595 芯片程序的编写,在本项目中单片机与 74HC595 采用串行通信方式 0 进行编写程序。

在本项目中,只要求 16×16 点阵静态显示一个汉字"迎",参照任务二设计列线编码

的方法,可以得出 32 个编码数据,并把它们存入 led[ ]数组:

uchar code led[ ]={0xBF,0xFF,0xDE,0x7F,0xC9,0x83,0xDB,0xBB,
　　　　　　　　　0xFB,0xBB,0xFB,0xBB,0x1B,0xBB,0xDB,0xBB,
　　　　　　　　　0xDA,0xBB,0xD9,0xAB,0xDB,0xB7,0xDF,0xBF,
　　　　　　　　　0xDF,0xBF,0xAF,0xFF,0x70,0x01,0xFF,0xFF };

在本项目中,主程序主要完成串行控制寄存器 SCON 的初始化工作,然后就是一个"死循环",主要完成显示函数的无限次调用。下面简单介绍一下 SCON 各位定义,其用法将在项目七中具体介绍。

串行控制寄存器 SCON 是 51 单片机中的一个特殊功能寄存器,用以设定串行口的工作方式、接收/发送控制以及设置状态标志。SCON 字节地址 98H,支持位寻址,其格式如表 4-4 所示。

表 4-4　SCON 各位的定义

位地址	9FH	9EH	9DH	9CH	9BH	9AH	99H	98H
位标志	SM0	SM1	SM2	REN	TB8	RB8	TI	RI

(1) 串行口工作方式选择位 SM0、SM1

SM0 和 SM1(SCON.7 和 SCON.6)是串行口的工作方式选择位,可选择四种工作方式,如表 4-5 所示。

表 4-5　串行口的工作方式

SM0	SM1	方式	说　　明	波　特　率
0	0	0	移位寄存器工作方式	$f_{osc}/12$
0	1	1	8 位数据的异步收发方式	可变
1	0	2	9 位数据的异步收发方式	$f_{osc}/64$ 或 $f_{osc}/32$
1	1	3	9 位数据的异步收发方式	可变

(2) 多机通信控制位 SM2

SM2(SCON.5)主要用于方式 2 和方式 3。若 SM2=1,则允许多机通信。多机通信协议规定,第九位数据(D8)为 1,说明本帧数据为地址帧;若第 9 位为 0,则本帧为数据帧。当一个主机与多个从机通信时,所有从机的 SM2 位都置 1。主机首先发一帧数据为地址,即某从机号,其中第 9 位为 1,被寻址的某个从机接收到数据后,将其中的第 9 位装入 RB8。从机依据收到的第 9 位数据(RB8 中)的值来决定从机可否再接收主机的信息,若(RB8)=0,说明是数据帧,则使接收中断标志位 RI=0,信息丢失;若(RB8)=1,说明是地址帧,数据装入 SBUF(串行通信发送/接收缓冲器)并置 RI=1,中断所有从机,被寻址的目标从机清除 SM2 以接收主机发来的一帧数据。其他从机的 SM2 仍保持 1。

若 SM2=0,则不属于多机通信,接收到一帧数据后,无论第 9 位数据是 0 还是 1,都置 RI=1,接收到数据装入 SBUF 中。

在方式 1 时,若 SM2=1,则只有接收到有效停止位时,RI 才置 1,以便接收下一帧数据。在方式 0 时,SM2 必须是 0。

(3) 串行口允许接收位 REN

REN(SCON.4)串行允许接收位。由软件置 REN=1,则启动串行口接收数据;若软件置 REN=0,则禁止接收。

(4) 发送第 9 位数据位 TB8

TB8(SCON.3)在方式 2 或方式 3 中,TB8 是发送数据的第 9 位,可以用软件规定其作用。可以用作数据的奇偶校验位,或在多机通信中,作为地址帧/数据帧的标志位。

在方式 0 和方式 1 中,该位未用。

(5) 接收第 9 位数据位 RB8

RB8(SCON.2)在方式 2 或方式 3 中,RB8 是接收到数据的第 9 位,作为奇偶校验位或地址帧/数据帧的标志位。在方式 1 时,若 SM2=0,则 RB8 是接收到的停止位。

(6) 发送中断标志位 TI

TI(SCON.1)为发送中断标志位。在方式 0 当串行发送第 8 位数据结束时,或在其他方式,串行发送停止位的开始时,由内部硬件将 TI 置 1,向 CPU 发中断申请。在中断服务程序中,必须用软件将其清 0,取消此中断申请。

(7) 接收中断标志位 RI

RI(SCON.0)为接收中断标志位。在方式 0 当串行接收第 8 位数据结束时,或在其他方式,串行接收停止位的中间时,由内部硬件将 RI 置 1,向 CPU 发中断申请。也必须在中断服务程序中,用软件将其清零,取消此中断申请。

在本项目中,串行移位寄存器 74HC 采用串行通信方式 0,工作在串行通信方式 0 时,TB8、RB8 均无意义,设为 0,因此 SCON 的值被设置为 0x00。

串行通信方式 0 是指串口工作在移位寄存器方式,波特率为单片机晶振频率 1/12,工作发送数据时,单片机将数据写入发送 SBUF,串行口将数据以波特率为单片机晶振频率 1/12 的速度从 RXD 脚发送出去,同时 TXD 脚输出同步脉冲,数据发送完成后,硬件将串行口工作标志位 TI 置 1。工作在接收数据时,串行口以波特率为单片机晶振频率 1/12 的速度从 RXD 脚采样引入数据,数据接收完毕后,硬件将串行口工作标志位 RI 置 1。

在本项目中,显示函数的流程框图如图 4-10

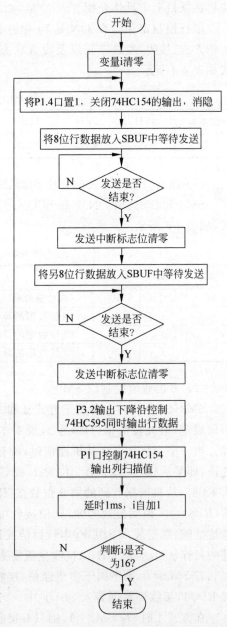

图 4-10 显示函数的流程框图

所示。

项目源程序如下：

```c
#include<AT89X51.h>
#define uint unsigned int
#define uchar unsigned char
uchar code led[] = {0xBF,0xFF,0xDE,0x7F,0xC9,0x83,0xDB,0xBB,
                    0xFB,0xBB,0xFB,0xBB,0x1B,0xBB,0xDB,0xBB,
                    0xDA,0xBB,0xD9,0xAB,0xDB,0xB7,0xDF,0xBF,
                    0xDF,0xBF,0xAF,0xFF,0x70,0x01,0xFF,0xFF};   //汉字"迎"
/**************************************************************/
//函数名：delay(uint x)
//功能：延时程序
//调用函数：
//输入参数：x
//输出参数：
//说明：程序的延时时间为 x 乘以 0.5ms
/**************************************************************/
void delay(uint x)
{
    uchar y,z;
    for(y=x;y>0;y--)
        for(z=250;z>0;z--);                //该步运行时间约为 0.5ms
}
/**************************************************************/
//函数名：ledplay()
//功能：16×16 LED 点阵显示程序
//调用函数：delay(uint x)
//输入参数：
//输出参数：
//说明：利用通信方式 0 为 74HC595 输入行数据，P1 口控制 74HC154 列扫描
/**************************************************************/
void ledplay()
{
    uchar i;
    for(i=0;i<16;i++)
    {
        P1_4=1;                    //关 74HC154 输出，消隐
        SBUF=led[i*2+1];           //发送 8 位行数据
        while(!TI);                //等待发送结束
        TI=0;
        SBUF=led[i*2];             //发送另 8 位行数据
        while(!TI);                //等待发送结束
        TI=0;
        P3_2=1;
        P3_2=0;                    //将发送的 16 位行数据输出
        P1=i;                      //为 154 装入列扫描值
        P1_4=0;                    //开 154 输出
```

```
            delay(2);                                    //延时1.5ms
        }
}
/******************************************************/
//主程序
/******************************************************/
void main()
{
    SCON=0x00;
    TI=0;                                                //初始化
    while(1)
        ledplay();                                       //调用显示程序
}
```

四、项目仿真

程序编写好，在 Keil 编译环境编译通过后，为了提高实际制作电路板的成功率，我们建议先用 Proteus 仿真软件仿真一遍，以确保该项设计在理论上是成功的。仿真步骤如下：

① 启动 Proteus 仿真软件。

② 从 Proteus 仿真软件的元器件库里选出此次仿真需要用到的元器件，按表 4-6 所示的元件清单添加元件。由于仿真软件 Proteus 的限制，16 个 PNP 三极管在仿真时采用 4009 非门来代替。

表 4-6 16×16 点阵仿真元件清单

元件名称	所 属 类	所属子类
AT89C51	Microprocessor ICs	8051 Family
74HC595	TTL 74HC series	Transceivers
74HC154	TTL 74HC series	Transceivers
4009	CMOS 4000 series	Buffers & Drivers
MATRIX-8×8-RED	Optoelectronics	Dot Matrix Displays

元件全部添加后，在 Proteus ISIS 的编辑区域中按图 4-11 所示的仿真电路图连接硬件电路。

在 Proteus ISIS 中，将 Keil 产生的 HEX 文件加入 AT89C51 中，并仿真电路检验系统运行状态是否符合设计要求，点阵的显示效果如图 4-12 所示。

五、制作电路板

在制作本电路板时，考虑到前面我们已完成单片机系统的制作，此处只制作 16×16 点阵显示电路板，显示电路如图 4-9 所示。

制作步骤如下：

① 单片机的 P3.0 口接第一片 74HC595 的 SER 端(14 脚)，P3.1 口接两片 74HC595 的 SRCK 端(11 脚)，P3.2 口接 74HC595 的 RCK 端(12 脚)。

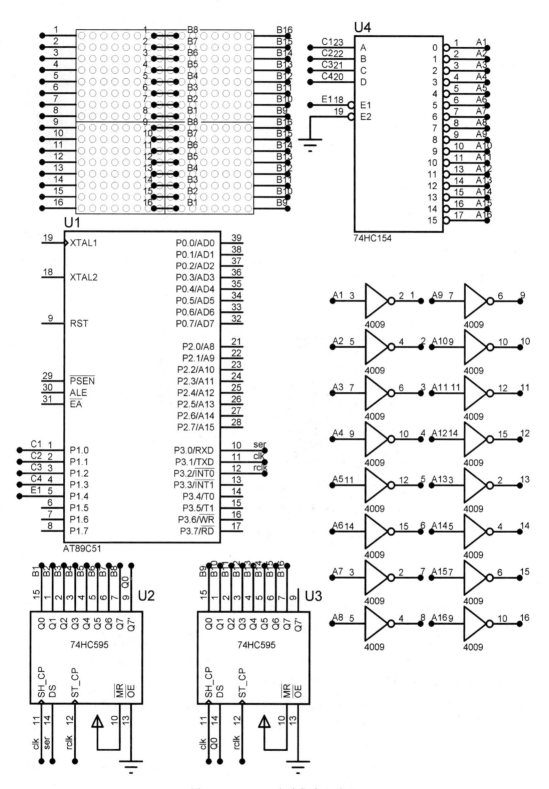

图 4-11　16×16 点阵仿真电路图

② 单片机的 P1.0～P1.3 口分别与 74HC154 的 A～D 端(20～23 脚)相接,P1.4 口与 74HC154 的 G1 端(18 脚)相接,74HC154 的 G2 端(19 脚)接地。

③ 两片 74HC595 的 $\overline{SRCLR}$ 端(10 脚)均接电源,$\overline{G}$ 端(13 脚)均接地。

④ 两片 74HC595 的 QA～QH 端(15 脚、1～7 脚)均接一个 300Ω 的电阻,而这 16 个电阻的另一端与 16×16 点阵的行线相接。

图 4-12　16×16 点阵显示效果图

⑤ 第一片的 74HC595 的 QH'端(9 脚)与第二片 74HC595 的 SER 端(14 脚)相接。

⑥ 74HC154 的 0～15 端(1～11 脚,13～17 脚)均接一个 1kΩ 的电阻,而这 16 个电阻的另一端各自与 16 个 PNP 三极管(8550)的基极相接,16 个 PNP 三极管的发射极均接电源,16 个集电极分别与 16×16 点阵的列线相接。

焊制成功的电路板如图 4-13 所示。

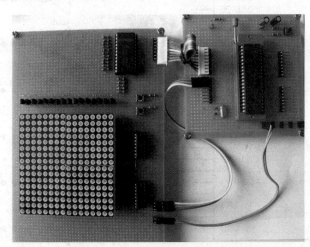

图 4-13　16×16 点阵电路连接图

六、74HC154 芯片、74HC595 芯片知识及应用

在 16×16 点阵中,使用了一块芯片 74HC154,这是一个 4-16 线译码器。

在数字电子技术中,我们已知道译码是编码的逆过程。把代码的特定含义翻译出来的过程称作译码,实现译码操作的电路称为译码器。译码器是数字系统和计算机中常用的一种逻辑部件。例如,计算机中需要将指令的操作码"翻译"成各种操作命令,就要使用指令译码器;存储器的地址译码系统,则要使用地址译码器;LED 显示电路需要七段显示译码器等。一般译码器的符号如图 4-14 所示。

由于 16×16 点阵采用共阳列扫描方式,因此采用 4-16 线译码器 74HC154 进行列扫描的设计。74HC154 的真值表如表 4-7 所示。

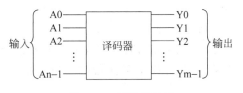

图 4-14　译码器符号

表 4-7　74HC154 真值表

输	入					输					出									
G1	G2	D	C	B	A	0	1	2	3	4	5	6	7	8	9	10	11	12	13	14	15
L	L	L	L	L	L	L	H	H	H	H	H	H	H	H	H	H	H	H	H	H	H
L	L	L	L	L	H	H	L	H	H	H	H	H	H	H	H	H	H	H	H	H	H
L	L	L	L	H	L	H	H	L	H	H	H	H	H	H	H	H	H	H	H	H	H
L	L	L	L	H	H	H	H	H	L	H	H	H	H	H	H	H	H	H	H	H	H
L	L	L	H	L	L	H	H	H	H	L	H	H	H	H	H	H	H	H	H	H	H
L	L	L	H	L	H	H	H	H	H	H	L	H	H	H	H	H	H	H	H	H	H
L	L	L	H	H	L	H	H	H	H	H	H	L	H	H	H	H	H	H	H	H	H
L	L	L	H	H	H	H	H	H	H	H	H	H	L	H	H	H	H	H	H	H	H
L	L	H	L	L	L	H	H	H	H	H	H	H	H	L	H	H	H	H	H	H	H
L	L	H	L	L	H	H	H	H	H	H	H	H	H	H	L	H	H	H	H	H	H
L	L	H	L	H	L	H	H	H	H	H	H	H	H	H	H	L	H	H	H	H	H
L	L	H	L	H	H	H	H	H	H	H	H	H	H	H	H	H	L	H	H	H	H
L	L	H	H	L	L	H	H	H	H	H	H	H	H	H	H	H	H	L	H	H	H
L	L	H	H	L	H	H	H	H	H	H	H	H	H	H	H	H	H	H	L	H	H
L	L	H	H	H	L	H	H	H	H	H	H	H	H	H	H	H	H	H	H	L	H
L	L	H	H	H	H	H	H	H	H	H	H	H	H	H	H	H	H	H	H	H	L
L	H	×	×	×	×	H	H	H	H	H	H	H	H	H	H	H	H	H	H	H	H
H	L	×	×	×	×	H	H	H	H	H	H	H	H	H	H	H	H	H	H	H	H
H	H	×	×	×	×	H	H	H	H	H	H	H	H	H	H	H	H	H	H	H	H

在表 4-7 中,我们可以看到 74HC154 有 6 个输入端、16 个输出端,其中 G1 和 G2 为使能端,A～D 为数据输入端。当 G1+G2=1 时,A～D 输入数据无效,16 个输出端均输出高电平,当 G1=G2=0 时,A～D 输入数据有效,此时 74HC154 起到译码的功能。注意:输出低电平有效,即在任一有效译码时,有且只有一个输出端低电平有效,其余均为高电平。

74HC595 芯片是一款漏极开路输出的 CMOS 移位寄存器,输出端口为可控的三态输出端,亦能串行输出控制下一级级联芯片。芯片管脚如图 4-15 所示,管脚说明见表 4-8。

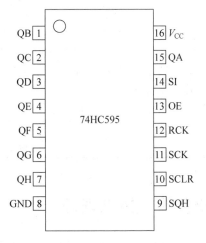

图 4-15　74HC595 芯片管脚图

输入管脚控制说明如下。

SCLR(10 脚)：低点平时将移位寄存器的数据清零。

SCK(11 脚)：上升沿时数据寄存器的数据移位。QA→QB→QC→…→QH,同时串行数据输出管脚 SQH 也会串行输出移位寄存器中高位的值；下降沿移位寄存器数据不变。

RCK(12 脚)：上升沿时移位寄存器的数据进入数据存储寄存器,下降沿时存储寄存器数据不变。

OE(13 脚)：高电平时禁止输出(高阻态),低电平时存储寄存器的数据输出到总线。

在项目的程序编写中,显示函数 ledplay( ) 是重点,也是理解的难点,要结合 74HC154、74HC595、串行通信方式 0 三方面的工作机理及工作过程理解,不明白之处多与老师沟通。

表 4-8　74HC595 芯片管脚说明

管脚编号	管脚名	说　　明
1、2、3、4、5、6、7、15	QA~QH	三态输出管脚
8	GND	电源地
9	SQH (QH')	串行数据输出管脚
10	SCLR (SRCLR)	移位寄存器清零端
11	SCK (SRCK)	数据输入时钟线
12	RCK	输出存储器锁存时钟线
13	OE (G)	输出使能
14	SI (SER)	数据线
16	V_{CC}	电源端

74HC595 芯片工作时的真值表见表 4-9。

表 4-9　真值表

输　入　管　脚					输　出　管　脚
SI	SCK	SCLR	RCK	OE	
×	×	×	×	H	QA-QH 输出高阻
×	×	×	×	L	QA-QH 输出有效值
×	×	L	×	×	移位寄存器清零
L	上升沿	H	×	×	移位寄存器存储 L
H	上升沿	H	×	×	移位寄存器存储 H
×	下降沿	H	×	×	移位寄存器状态保持
×	×	×	上升沿	×	把移位寄存器中的状态值存到输出存储器
×	×	×	下降沿	×	输出存储器状态保持

任务四　拓展训练

在本项目任务二和任务三中,我们分别采用了 8×8 点阵和 16×16 点阵点亮一个汉字,这个汉字是静态显示的,即没有任何显示变化,这样对于现实生活中的LED广告牌来说过于单一,因此在保证硬件电路不变的情况下,通过修改程序,实现汉字显示的多样性。

一、8×8点阵扩展训练

1. 训练目的

此项训练重在训练学习者对8×8点阵电路的理解和应用能力,即在不改变硬件电路的情况下,通过修改程序实现汉字显示的多样性。

2. 训练内容

① 采用本项目任务二制作的8×8点阵,在不改变硬件电路的情况下,通过修改程序使得点阵能够轮流显示四个汉字"生日快乐",每个汉字轮流显示1s。

② 采用本项目任务二制作的8×8点阵,在不改变硬件电路的情况下,通过修改程序使得点阵能够显示四个汉字"生日快乐",显示方式采用从右到左的方式进行轮流显示。

二、16×16点阵扩展训练

1. 训练目的

此项训练重在训练学习者对16×16点阵电路的理解和应用能力,即在不改变硬件电路的情况下,通过修改程序实现汉字显示的多样性。

2. 训练内容

① 采用任务三制作的16×16点阵,在不改变硬件电路的情况下,通过修改程序使得点阵能够轮流显示四个汉字"欢迎光临",每个汉字轮流显示1s。

② 采用任务三制作的16×16点阵,在不改变硬件电路的情况下,通过修改程序使得点阵能够显示四个汉字"欢迎光临",显示方式采用从右到左的方式进行轮流显示。

知识训练

1. 请先写出定义一维数组、二维数组的语句格式,然后请定义一个具有存放10个元素的整数型数组,再定义一个具有3行5列能存放15个元素的整数型二维数组。

2. 写出二维数组Data[2][4]的各个元素,按它们在内存中存储时的顺序排列。

3. 请说明当采用串行口通信方式0与74HC595芯片连接时,单片机的RXD脚、TXD脚分别与74HC595芯片的什么脚连接,并说明其中的原因。

4. 请根据实际使用的8×8点阵行线、列线分布,画出4块此8×8点阵组成16×16点阵各列线和行线的连接线路图。

设计制作数字电压表

> **需要掌握的理论知识:**
> - MCS-51 系列单片机 I/O 端口知识,定时器/计数器的相关知识,中断、动态扫描、A/D 转换相关知识等。
> - C51 程序语言中 for 语句、do while 语句运行规则、使用方法等。
> - ADC0809 各管脚功能以及与单片机的接口编程。
> - TLC2543 各管脚功能以及与单片机的接口编程。
>
> **需要掌握的能力:**
> - 会选择合适 I/O 端口作为输出脚。
> - 理解并会使用适当循环语句完成循环功能。
> - 掌握定时器/计数器的定时程序的编写。
> - 掌握定时器中断方式的程序的编写。
> - 掌握 ADC0809 以及 TLC2543 数据采集的编程。

任务一 明确数字电压表设计要求

数字电压表是采用数字化测量技术,把连续的模拟电压量转换成不连续、离散的数字化形式并加以显示的仪表。目前,数字电压表已被广泛应用于电子及电工测量、工业自动化仪表、自动测试系统等智能化测量领域。

本项目是设计数字电压表,设计要求如下:

① 要求分别采用两种不同模数转换的芯片 ADC0809、TLC2543 设计实现数字电压表。

② 设计的数字电压表可以测量 0~5V 范围内的输入电压值,并且通过 4 位 LED 数码管显示采集的电压值。采用 ADC0809 设计的数字电压

表的实物照片如图 5-1 所示。

图 5-1　基于 ADC0809 的数字电压表实物图

任务二　设计制作基于 ADC0809 数字电压表

在本任务里我们将给出制作数字电压表所需的元器件及型号,便于学习者购买及选用,给出数字电压表的硬件连接原理图,给出数字电压表的控制程序,最后介绍使用仿真软件仿真数字电压表的操作过程。

一、选择元器件

基于 ADC0809 的数字电压表所用元器件如表 5-1 所示,其中单片机最小系统板在"项目准备二"中已制作完成,可直接使用。

表 5-1　基于 ADC0809 的数字电压表所用元器件

序号	名　称	型号/参数	数量
1	四位一体数码管	红色/共阳	1
2	芯片	74LS245	1
3	芯片	ADC0809	1
4	电阻	300Ω	8
5	电阻	1kΩ	4
6	三极管	8550	4
7	单孔板	/	1
8	IC 底座	20 脚	1
9	IC 底座	28 脚	1
10	排针	/	26 针

二、设计硬件电路

基于 ADC0809 的数字电压表的硬件连接原理图(见图 5-2)可以分为两部分:

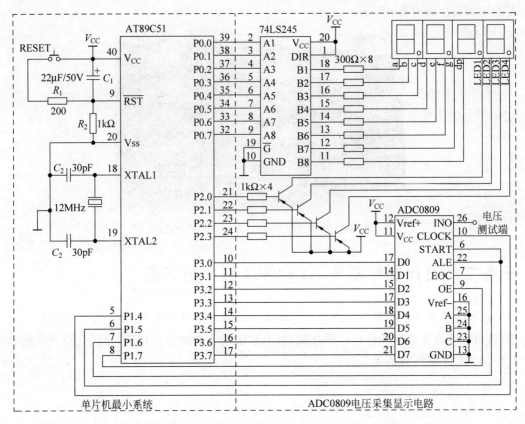

图 5-2 基于 ADC0809 的数字电压表的硬件连接原理图

① 单片机的最小系统连接图,此部分已在"项目准备二"中制作完成,读者可直接使用。

② ADC0809 电压采集显示电路图,如图 5-2 所示,主要由一块四位一体数码管(共阳)、一块 74LS245 芯片、一块 ADC0809 芯片、4 个 PNP(8550)三极管、4 个 1kΩ 电阻、8 个 300Ω 的电阻组成。单片机的 P2 口的低 4 位接 4 个 1kΩ 电阻,然后连接 4 个 PNP 三极管,作为动态数码管的位码输出;单片机的 P0 口与 74LS245 的 A1～A8 相连;74LS245 的 B1～B8 分别串接一个 300Ω 的电阻,作为动态数码管的段码输出。ADC0809 的 D0～D7 与单片机的 P3 口相接,主要是将 ADC0809 采集的数据通过 P3 口传送给单片机处理并显示。单片机的 P1.4～P1.7 作为 ADC0809 的控制信号端,起到控制 ADC0809 的采集电压功能。

三、设计程序

在程序设计时,由于 ADC0809 在进行 A/D 转换时需要有 CLK 信号,而此时的 ADC0809 的 CLK 是接在单片机的 P1.4 端口上,也就是要求从 P1.4 端口能够输出 CLK 信号供 ADC0809 使用。在本任务中,采用 T0 定时器中断方式产生 ADC0809 所需要的 CLK 信号,CLK 为时钟输入信号,它的取值范围为 10kHz～1280kHz,我们这里取值

50kHz。因此,根据定时器的计算公式可得 TH0＝TL0＝0xf6。

在本项目中,主程序功能较为简单,首先是系统初始化,然后是一个"死循环","死循环"主要包括两个部分,一个是 A/D 转换,另一个是显示函数,16×16 点阵的主程序的流程框图如图 5-3 所示。

模数转换程序主要包括 ADC0809 的数据采集、数据传送、单片机数据处理等内容。ADC0809 数字量输出及控制线共计 11 条。START(6 脚)为转换启动信号,当 START 为上升沿时,所有内部寄存器清零;下降沿时,开始进行 A/D 转换,在转换期间,START 应保持低电平。EOC(7 脚)为转换结束信号,当 EOC 为高电平时,表明转换结束;否则,表明正在进行转换。OE(9 脚)为输出允许信号,用于控制输出锁存器向单片机输出转换得到的数据。当 OE 为高电平,输出转换得到的数据;当 OE 为低电平,输出数据线呈高阻状态。D7~D0 为数字量输出线。单片机的 P3 口直接与 ADC0809 的 D7~D0 端相接,以便当 OE 为高电平时,P3 口直接得到 A/D 转换的数值。单片机数据处理主要是将 P3 口得到的 A/D 转换值通过计算公式转换为正确的电压值,在这里将 A/D 转换值乘以 196,即可得到电压值(单位为 mV),这是因为本项目的满量程为 5V,5/255＝196mV。模数转换程序的流程框图如图 5-4 所示。

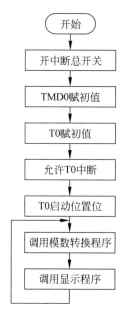 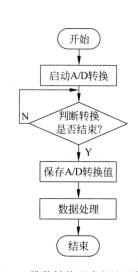

图 5-3　16×16 点阵的主程序的流程框图　　图 5-4　模数转换程序的流程框图

由于本项目的显示采用四位一体的数码管显示电压值,而此电压表的满量程为 5V,所以数码管正确的显示应为"＊.＊＊＊",例如数码管显示"3.548",表示此时测得的电压值为 3.548V。由此可见,数码管的最左边一位应该带小数点显示。

项目源程序如下:

```
#include<AT89X51.h>
#define uint unsigned int
```

```c
#define uchar unsigned char
uchar code led[10]={0x3f,0x06,0x5b,0x4f,
0x66,0x6d,0x7d,0x07,0x7f,0x6f};  //数码管显示 0～9
uint volt;                        //电压值测定值
sbit LW1=P2^3;
sbit LW2=P2^2;
sbit LW3=P2^1;
sbit LW4=P2^0;                    //定义数码管位选脚
sbit CLK=P1^4;
sbit START=P1^5;
sbit EOC=P1^6;
sbit OE=P1^7;                     //定义 ADC0809 各脚
/************************************************************/
//函数名：delay(uint x)
//功能：延时程序
//调用函数：
//输入参数：x
//输出参数：
//说明：程序的延时时间为 x 乘以 0.5ms
/************************************************************/
void delay(uint x)
{
    uchar y,z;
    for(y=x;y>0;y--)
        for(z=250;z>0;z--);  //该步运行时间约为 0.5ms
}
/************************************************************/
//函数名：ADC()
//功能：数模转换程序
//调用函数：
//输入参数：
//输出参数：
//说明：将转换好的测定值保存在变量 volt 中
/************************************************************/
void ADC()
{
    START=0;
    START=1;
    START=0;              //ad 开始转换
    while(EOC==0);        //等待转换结束
    OE=1;
    volt=P3;              //取走转换值
    OE=0;                 //输出转换结束
    volt=volt*196;        //转换值处理
}
/************************************************************/
//函数名：display()
//功能：4 位数码管显示
//调用函数：delay(uint x)
```

```
//输入参数:
//输出参数:
//说明:将处理后的电压值显示在 4 位数码管上
/******************************************************/
void display()
{
    P0=0xff;                    //消隐
    LW1=0;
    P0=~led[volt/10000]&0x7f;   //带小数点 1V 显示位
    delay(2);
    P0=0xff;
    LW1=1;
    LW2=0;
    P0=~led[(volt/1000)%10];    //100mV 显示位
    delay(2);
    P0=0xff;
    LW2=1;
    LW3=0;
    P0=~led[(volt/100)%10];     //10mV 显示位
    delay(2);
    P0=0xff;
    LW3=1;
    LW4=0;
    P0=~led[(volt/10)%10];      //1mV 显示位
    delay(2);
    P0=0xff;
    LW4=1;
}
/******************************************************/
//主程序
/******************************************************/
void main()
{
    EA=1;                       //开总中断
        TMOD=0x02;              //设定定时计数工作方式
    TH0=0Xf6;
        TL0=0Xf6;               //为定时器初赋值
    ET0=1;                      //开定时器 0 中断
    TR0=1;
    while(1)
    {
        ADC();                  //调用模数转换程序
        display();              //调用显示程序
    }
}
/******************************************************/
//函数名: timer() interrupt 1
//功能:定时中断 0 响应程序
//调用函数:
```

```
//输入参数：
//输出参数：
//说明：为 ADC 提供时钟信号
/ ****************************************************************/
void timer() interrupt 1
{
    CLK=~CLK;                    //取反,产生时钟信号
}
```

四、项目仿真

程序编写好,在 Keil 编译环境编译通过后,为了提高实际制作电路板的成功率,我们建议先用 Proteus 仿真软件仿真一遍,以确保该项设计在理论上是成功的。仿真步骤如下：

① 启动 Proteus 仿真软件。

② 从 Proteus 仿真软件的元器件库里选出此次仿真需要用到的元器件,按表 5-2 所示的元件清单添加元件。由于仿真软件 Proteus 的限制,4 个 PNP 三极管在仿真时采用 4009 非门来代替。

表 5-2 16×16 点阵仿真元件清单

元件名称	所属类	所属子类
AT89C51	Microprocessor ICs	8051 Family
ADC0809	Data Converters	A/D Cvonverters
74LS245	TTL 74LS series	Transceivers
4009	CMOS 4000 series	Buffers & Drivers
7SEG-MPX4-CC	Optoelectronics	7-Segment Displays
POT-HG	Resistors	Variable

元件全部添加后,在 Proteus ISIS 的编辑区域中按图 5-5 所示的仿真电路图连接硬件电路。

在 Proteus ISIS 中,将 Keil 产生的 HEX 文件加入 AT89C51 中,并仿真电路检验系统运行状态是否符合设计要求。如图 5-6 所示,"in0"端的电压值为 4.29998V,而通过单片机测得的电压值为 4.292V,程序仿真成功。

五、制作电路板

在制作本电路板时,考虑到前面我们已完成单片机系统的制作,此处只制作数据采集及显示电路板,硬件电路原理图如图 5-2 所示。

制作步骤如下：

① 单片机的 P1.4 口(5 脚)接 ADC0809 的 CLOCK 端(10 脚),单片机的 P1.5 口(6 脚)接 ADC0809 的 START 端(6 脚)、ALE 端(22 脚),单片机的 P1.6 口(7 脚)接 ADC0809 的 EOC 端(7 脚),单片机的 P1.7 口(8 脚)接 ADC0809 的 OE 端(9 脚),单片机的 P1.4 口(5 脚)接 ADC0809 的 EOC 端(19 脚),单片机的 P3.0~P3.7 口分别接 ADC0809 的数据端 D0~D7 端。

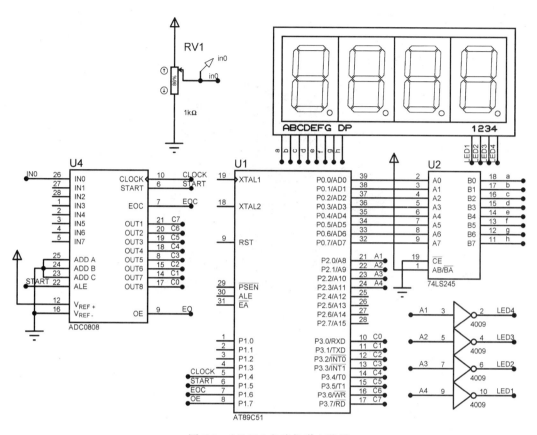

图 5-5 16×16 点阵仿真电路图

图 5-6 16×16 点阵显示效果图

② ADC0809 的 V_{CC} 端（11 脚）和 V_{REF+} 端（12 脚）分别接电源；ADC0809 的 GND 端（13 脚）和 V_{REF-} 端（16 脚）分别接地；ADC0809 的通道选择端 A、B、C 端分别接地，表示选择第 0 通道；ADC0809 的 IN0 端（26 脚）作为电压测试端。

③ 将 74LS245 的 A1～A8 分别与单片机的 P0 口相接；74LS245 的 B1～B8 端与 8 个 300Ω 的电阻连接，而这 8 个电阻的另一端与四位一体数码管的段选端相接，将 4 个

三极管的集电极(c)分别与四位一体数码管的位选端相接,将4个三极管的发射极(e)一起接电源,将4个三极管的基极(b)分别串接1kΩ电阻与单片机的P2口低四位相接。

焊制成功的电路板如图5-7所示。

图5-7　数据采集及显示电路板显示电路连接图

六、ADC0809芯片知识与使用方法

常见的采用逐次逼近法并行输出的A/D器件有ADC0809、AD574A等很多种,在此仅以最简单、廉价的ADC0809为例进行介绍。ADC0809是一种有8路模拟输入、8位并行数字输出的逐次逼近式A/D器件。

1. ADC0809主要技术指标和特性

① 分辨率:8位。

② 转换时间:转换1次所需时间,取决于芯片的时钟频率。

③ 单一电源:+5V。

④ 模拟输入电压范围:单级性为0~+5V。

2. ADC0809引脚与功能

ADC0809的引脚图如图5-8所示。

ADC0809各引脚功能如下。

① IN0~IN7:8路模拟量的输入端。

② D0~D7:A/D转换后的数据输入端,为三态可控输出,可直接与计算机数据线相连。

③ A、B、C:模拟通道地址选择端,A为低位,C为高位,其通道选择的地址编码如表5-3所示。

④ V_{REF+}、V_{REF-}:基准参考电压的正、负端,决定输入模拟量的量程范围,可用单一电源供电。如果V_{REF+}接5V,V_{REF-}接地,则信号输入电压范围为0~5V,此时的数字量变化范围为0~255;如果输入电压

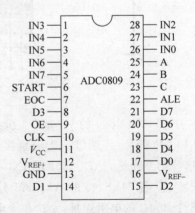

图5-8　ADC0809引脚图

范围为 0～2V，但希望得到的数字量变化范围还是 0～255，则可采取使 V_{REF+} 接 2V，V_{REF-} 仍然接地的方法。

⑤ CLK：时钟信号输入端，决定 A/D 转换速率，时钟信号频率范围为 50～800kHz。

⑥ ALE：地址锁存允许信号，高电平有效，当此信号有效时，A、B、C 3 位地址信号被锁存，译码选通对应模拟通道。

⑦ START：启动转换信号，正脉冲有效，通常与系统 $\overline{WR}$ 信号相连，控制启动 A/D 转换。

⑧ EOC：转换结束信号，高电平有效。表示一次 A/D 转换已完成，可作为中断触发信号，也可用程序查询的方法检测转换是否完成。

⑨ OE：输出允许信号，高电平有效。可与系统读选通信号 $\overline{RD}$ 相连。当计算机发出此信号时，ADC0809 的三态门被打开，此时可通过数据线读到正确的转换结果。

表 5-3 ADC0809 模拟通道选择

地 址 码			模拟通道号	地 址 码			模拟通道号
C	B	A		C	B	A	
0	0	0	IN0	1	0	0	IN4
0	0	1	IN1	1	0	1	IN5
0	1	0	IN2	1	1	0	IN6
0	1	1	IN3	1	1	1	IN7

3．ADC0809 原理结构

ADC0809 的原理结构框图如图 5-9 所示。

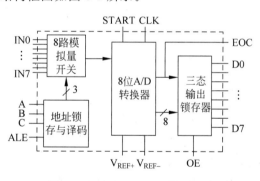

图 5-9 ADC0809 原理结构框图

由图 5-9 可知，ADC0809 主要包括 4 部分，各部分主要作用如下：

① 多路模拟量开关 由于选择进入 ADC0809 的模拟通道信号，最多允许 8 路模拟量分时输入，共用 1 个逐次逼近式 A/D 转换器进行转换，这是一种经济的多路数据采集方法。

② 地址锁存与译码 8 路模拟开关的切换由地址锁存和译码电路控制，模拟通道地址选择端（A、B、C 引脚端）通过 ALE 锁存，改变 A、B、C 的状态，可以切换 8 路模拟通道，选择不同的模拟量输入。

③ A/D 转换器　将模拟量开关传送模拟信号转换成数字信号。

④ 8 位 A/D 转换器执行从输入通道接收模拟量数据并转换成数字量数据,而后送到三态输出锁存器。

⑤ 三态输出锁存器　A/D 转换结果通过三态输出锁存器输出,因此,系统连接时,允许直接与单片机的数据总线相连。

4. ADC0809 与 8051 单片机的接口

ADC0809 与单片机接口的电路图如图 5-10 所示。由于 ADC0809 内部无时钟,可利用 8051 单片机提供的地址锁存信号 ALE 经 D 触发器二分频后获得。ALE 脚的频率是 8051 单片机时钟频率的 1/6,如果单片机时钟频率为 6MHz,则 ALE 引脚的频率为 1MHz,再经过二分频后为 500kHz,ADC0809 即可工作。

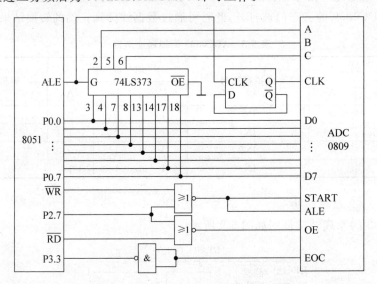

图 5-10　ADC0809 与单片机接口的电路图

由于 ADC0809 具有输出三态缓冲器,故其 8 位数据输出线可直接与单片机的数据总线相连。8051 的低 8 位地址信号在 ALE 作用下,锁存在 74LS373 中。74LS373 输出的低 3 位分别加到 ADC0809 的通道选择端 A、B、C,作为通道编码。将单片机的 P2.7 作为片选信号,与 $\overline{WR}$ 进行或非操作得到一个正脉冲加到 ADC0809 的 ALE 和 START 引脚上。由于 ALE 和 START 连接在一起,因此,ADC0809 在锁存通道地址的同时也启动转换。在读取转换结果时,用单片机的读信号 $\overline{RD}$ 和 P2.7 引脚经或非门后产生的正脉冲作为 OE 信号,用以打开三态输出锁存器。显然,上述操作时,P2.7 应为低电平。ADC0809 的 EOC 端经一反相器连接到 8051 的 P3.3 端,作为查询或中断信号。

任务三　设计制作基于 TLC2543 的数字电压表

在单片机开发中,很多都要涉及将模拟量转换为数字量,因此使用 ADC 的场合很多,选择一款合适的 ADC 芯片就显得尤为重要。由于 51 单片机往往需要使用比较多的

I/O 口来控制其他外设，因此使用并行 ADC 会限制系统 I/O 口的功能扩展，采用串行 ADC 比较适合那些低速采样而控制管脚又比较多的系统。

TLC2543 是 TI 公司的 12 位串行模数转换器，使用开关电容逐次逼近技术完成 A/D 转换过程。由于是串行输入结构，能够节省 51 系列单片机 I/O 资源，且价格适中，分辨率较高，因此在仪器仪表中有较为广泛的应用。

本任务主要介绍如何制作一个基于 TLC2543 的数字电压表。在这里，我们将给出本制作所需的元器件及型号，便于学习者购买及选用，给出硬件连接原理图，给出 TLC2543 数字电压表的控制程序，最后介绍使用仿真软件仿真的操作过程。

一、选择元器件

TLC2543 数字电压表所用元器件如表 5-4 所示，其中单片机最小系统板在"项目准备二"中已制作完成，可直接使用。

表 5-4 TLC2543 数字电压表所用元器件

序号	名称	型号/参数	数量
1	四位一体数码管	红色/共阳	1
2	芯片	74LS245	1
3	芯片	TLC2543	1
4	电阻	300Ω	8
5	电阻	1kΩ	4
6	三极管	8550	4
7	单孔板	/	1
8	IC 底座	20 脚	2
9	排针	/	18 针

二、设计硬件电路

TLC2543 数字电压表的硬件连接原理图（见图 5-11）可以分为两部分：

① 单片机的最小系统连接图，此部分已在"项目准备二"中制作完成，读者可直接使用。

② TLC2543 电压采集显示电路图，如图 5-11 所示，主要由一块四位一体数码管（共阳）、一块 74LS245 芯片、一块 TLC2543 芯片、4 个 PNP（8550）三极管、4 个 1kΩ 电阻、8 个 300Ω 的电阻组成。单片机的 P2 口的低 4 位接 4 个 1kΩ 电阻，然后连接 4 个 PNP 三极管，作为动态数码管的位码输出；单片机的 P0 口与 74LS245 的 A1～A8 相连；74LS245 的 B1～B8 分别串接一个 300Ω 的电阻，作为动态数码管的段码输出。单片机的 P1.0、P1.3、P1.4 作为 TLC2543 的控制信号端，起到控制 TLC2543 的采集电压功能，单片机的 P1.1、P1.2 分别接 TLC2543 的 DATA OUT 和 DATA INPUT，作为 TLC2543 串行数据线。

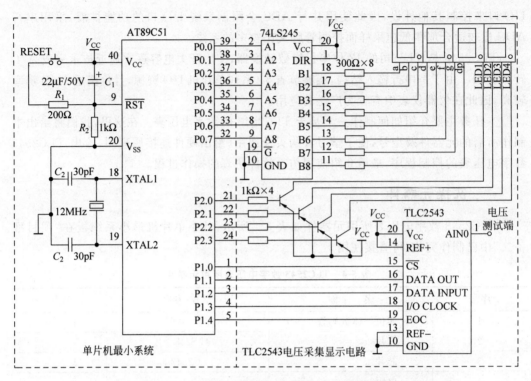

图 5-11 TLC2543 数字电压表的硬件连接原理图

三、设计程序

AT89C51 单片机没有 SPI 接口,为了与 TLC2543 接口可以用软件功能来实现 SPI 接口。单片机通过编程产生串行时钟,即由 CLK 先高后低的转变提供串行时钟,并按时序发送与接收数据位,完成通道方式/通道数据的写入和转换结果的读出。

TLC2543 在每次 I/O 周期读取的数据都是上次转移到结果,当前的转换结果在下一个 I/O 周期中被串行移出。第一次读数由于内部调整,读取的转换结果可能不准确,应丢弃。

在本任务中,主程序功能较为简单,首先是系统初始化,然后是一个"死循环","死循环"主要包括两个部分,即 A/D 转换和显示。

模数转换程序流程框图如图 5-12 所示。在流程框图中,如何启动 A/D 转换,这要看 TLC2543 的 SPI 的模拟时序是否正确,CS 端的电平在一定程度上决定了 A/D 转换。由于系统采用 8 位输出,在程序上就采用 8 位输出模式。另外,单片机与外围芯片的连接,单片机都要对其端口进行宏定义。

项目源程序如下:

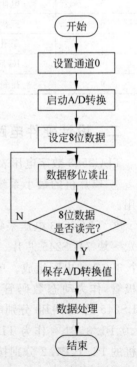

图 5-12 模数转换程序的流程框图

```c
#include<AT89X51.h>
#define uint unsigned int
#define uchar unsigned char
#define ulong unsigned long
ulong volt;                          //测量的电压值
uchar code led[10]={0x3f,0x06,0x5b,0x4f,0x66,0x6d,0x7d,0x07,0x7f,0x6f};
                                     //数码管显示 0~9
sbit LW1=P2^3;
sbit LW2=P2^2;
sbit LW3=P2^1;
sbit LW4=P2^0;                       //定义数码管位选脚
sbit CLK=P1^3;                       //定义时钟信号口
sbit DIN=P1^2;                       //定义 2543 数据写入口
sbit DOUT=P1^1;                      //定义 2543 数据读取口
sbit CS=P1^0;                        //定义 2543 片选信号口
/**************************************************************/
//函数名：delay(uint x)
//功能：延时程序
//调用函数：
//输入参数：x
//输出参数：
//说明：程序的延时时间为 x 乘以 0.5ms
/**************************************************************/
void delay(uint x)
{
    uchar y,z;
    for(y=x;y>0;y--)
        for(z=250;z>0;z--);  //该步运行时间约为 0.5ms
}
/**************************************************************/
//函数名：read2543(uchar addr)
//功能：2543 驱动程序
//调用函数：
//输入参数：addr
//输出参数：
//说明：进行 ad 转换将结果存于 volt 变量中 addr 为测量位地址
/**************************************************************/
void read2543(uchar addr)
{
    uint ad=0;
    uchar i;
    CLK=0;
    CS=0;                            //启动 2543
    addr<<=4;                        //对地址位预处理
    for(i=0;i<12;i++)
    {
        if(DOUT==1)
            ad=ad|0x01;              //单片机读取 ad 数据
        DIN=addr&0x80;               //2543 读取测量地址位
```

```c
            CLK=1;
            ;;;                         //很短的延时
            CLK=0;                      //产生时钟信号
            ;;;
            addr<<=1;
            ad<<=1;                     //将数据移位准备下一位的读写
    }
    CS=1;                               //关 2543
    ad>>=1;
    volt=ad;                            //取走转换结果
    volt=volt*1221;                     //对测量值进行处理以符合实际
}
/******************************************************************/
//函数名：display()
//功能：4 位数码管显示
//调用函数：delay(uint x)
//输入参数：
//输出参数：
//说明：将处理后的电压值显示在 4 位数码管上
/******************************************************************/
void display()
{
    P0=0xff;                            //消隐
    LW1=0;
    P0=~led[volt/1000000]&0x7f;         //带小数点 1V 显示位
    delay(2);
    P0=0xff;
    LW1=1;
    LW2=0;
    P0=~led[(volt/100000)%10];          //100mV 显示位
    delay(2);
    P0=0xff;
    LW2=1;
    LW3=0;
    P0=~led[(volt/10000)%10];           //10mV 显示位
    delay(2);
    P0=0xff;
    LW3=1;
    LW4=0;
    P0=~led[(volt/1000)%10];            //1mV 显示位
    delay(2);
    LW4=1;
}
/******************************************************************/
//主程序
/******************************************************************/
void main()
{
    while(1)
```

```
    {
        read2543(0);            //调用2543驱动程序测量地址为0
        display();              //调用显示程序
    }
}
```

四、项目仿真

程序编写好,在 Keil 编译环境编译通过后,为了提高实际制作电路板的成功率,我们建议先用 Proteus 仿真软件仿真一遍,以确保该项设计在理论上是成功的。仿真步骤如下:

① 启动 Proteus 仿真软件。

② 从 Proteus 仿真软件的元器件库里选出此次仿真需要用到的元器件,按表 5-5 所示的元件清单添加元件。由于仿真软件 Proteus 的限制,4 个 PNP 三极管在仿真时采用 4009 非门来代替。

表 5-5 TLC 2543 数字电压表的元件清单

元件名称	所属类	所属子类
AT89C51	Microprocessor ICs	8051 Family
TLC2543	Data Converters	A/D Cvonverters
74LS245	TTL 74LS series	Transceivers
4009	CMOS 4000 series	Buffers & Drivers
7SEG-MPX4-CC	Optoelectronics	7-Segment Displays

元件全部添加后,在 Proteus ISIS 的编辑区域中按图 5-13 所示的仿真电路图连接硬件电路。

在 Proteus ISIS 中,将 Keil 产生的 HEX 文件加入 AT89C51 中,并仿真电路检验系统运行状态是否符合设计要求,电压表的显示效果如图 5-14 所示,电压真值为 1.34997V,而我们设计的数字电压表的测量值为 1.350V。

五、制作电路板

在制作本电路板时,考虑到前面我们已完成单片机系统的制作,此处只制作 TLC2543 数据采集及显示电路板,电路如图 5-10 所示。

制作步骤如下:

① 单片机的 P1.0 口(1 脚)接 TLC2543 的 $\overline{CS}$ 端(15 脚),单片机的 P1.1 口(2 脚)接 TLC2543 的 DATA OUT 端(16 脚),单片机的 P1.2 口(3 脚)接 TLC2543 的 DATA INPUT 端(17 脚),单片机的 P1.3 口(4 脚)接 TLC2543 的 I/O CLOCK 端(18 脚),单片机的 P1.4 口(5 脚)接 TLC2543 的 EOC 端(19 脚)。

② TLC2543 的 GND 端(10 脚)和 REF－端(13 脚)分别接地,TLC2543 的 V_{CC} 端(20 脚)和 REF＋端(14 脚)分别接电源,TLC2543 的 AIN0 端(1 脚)作为电压测试端。

③ 单片机的 P0 口的 8 位分别与 74LS245 的 A1~A8 端相接,74LS245 的 B1~B8 端与 8 个 300Ω 的电阻连接,而这 8 个电阻的另一端与四位一体数码管的段选端相接。

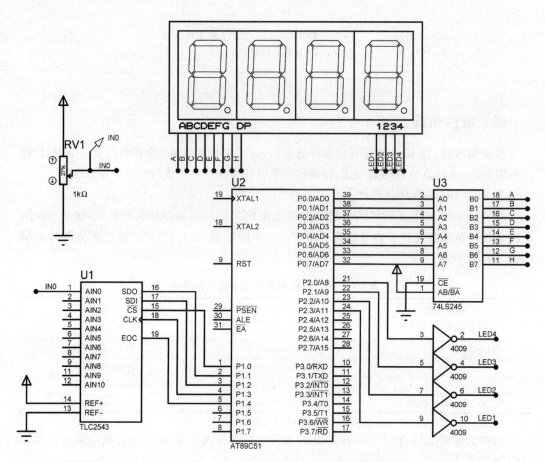

图 5-13　TLC2543 数字电压表仿真电路图

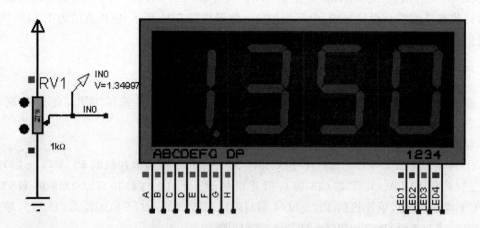

图 5-14　TLC2545 电压表显示效果图

④ 将 4 个三极管的集电极（c）分别与四位一体数码管的位选端相接，将 4 个三极管的发射极（e）一起接电源，将 4 个三极管的基极（b）分别串接 1kΩ 电阻与单片机的 P2 口低四位相接。

焊制成功的电路板如图 5-15 所示。

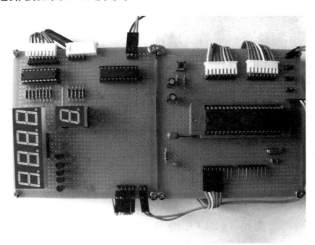

图 5-15　TLC2543 数字电压表电路连接图

六、TLC2543 芯片知识与使用方法

1. TLC2543 的特点及引脚

TLC2543 是 12 位串行 A/D 转换器，使用开关电容逐次逼近技术完成 A/D 转换过程。由于是串行输入结果，能够节省 51 系列单片机的 I/O 口资源。其特点有：

① 12 位分辨率 A/D 转换器。
② 在工作温度范围内 $10\mu s$ 转换时间。
③ 11 个模拟输入通道。
④ 3 路内置自测试方式。
⑤ 采样率为 66Kb/s。
⑥ 线性误差 ±1LSB(max)。
⑦ 有转换结束(EOC)输出。
⑧ 具有单、双极性输出。
⑨ 可编程的 MSB 或 LSB 前导。
⑩ 输出数据长度可编程。

TLC2543 的引脚排列如图 5-16 所示。

在图 5-16 中，AIN0～AIN10 为模拟输入通道，$\overline{CS}$ 为片选端，DATA INPUT 为串行数据输入端，DATA OUT 为 A/D 转换结果的三态串行输出端，EOC 为转换结束端，I/O CLK 为 I/O 时钟端，REF+ 为正基准电压端，REF- 为负基准电压端，V_{CC} 为电源端，GND 为地。

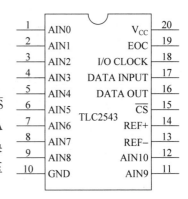

图 5-16　TLC2543 引脚排列图

2. TLC2543 的使用方法

(1) TLC2543 控制字的格式

控制字为从 DATA INPUT 端串行输入的 8 位数据，它规定了 TLC2543 要转换的模

拟量通道、转换后的输出数据长度以及输出数据端格式。其中,高 4 位(D7~D4)决定通道号,对于模拟输入通道 0 至模拟输入通道 10,其值为 0000B~1010B;当为 1011B~1101B 时,用于对 TLC2543 的自检,分别测试 $(V_{REF+}+V_{REF-})/2$、V_{REF+}、V_{REF-} 的值;当为 1110B 时,TLC2543 进入休眠状态。低 4 位(D3~D0)决定输出数据长度及格式,其中 D3、D2 决定输出数据长度,01B 表示输出数据长度为 8 位,11B 表示输出数据长度为 16 位,其他为 12 位;D1 决定输出数据是高位先送出还是低位先送出,为 0 表示高位先送出;D0 决定输出数据是单极性(二进制)还是双极性(2 的补码),若为单极性,该位为 0,否则为 1。

(2) 转换过程

上电后,片选 $\overline{CS}$ 端必须先高后低才能开始一次工作周期,此时 EOC 为高电平,输入数据寄存器被置为 0,输出数据寄存器的内容是随机的。

开始时,片选 $\overline{CS}$ 端为高,I/O CLOCK、DATA INPUT 被禁止,DATA OUT 呈高阻状态,EOC 为高。当片选 $\overline{CS}$ 端变低时,I/O CLOCK、DATA INPUT 使能,DATA OUT 脱离高阻状态。12 个时钟信号从 I/O CLOCK 端依次加入,随着时钟信号的加入,控制字从 DATA INPUT 一位一位地在时钟信号的上升沿时被送入 TLC2543(高位先送入);同时上一周期转换的 A/D 数据,即输出数据寄存器中断数据从 DATA OUT 一位一位地移出。TLC2543 收到第 4 个时钟信号后,通道号也已收到,此时 TLC2543 开始对选定通道的模拟量进行采样,并保持到第 12 个时钟的下降沿。在第 12 个时钟下降沿,EOC 变低,开始对本次采样的模拟量进行 A/D 转换,转换时间约需 $10\mu s$;转换完成后 EOC 变高,转换的数据在输出数据寄存器中,待下一个工作周期输出。

对 TLC2543 的操作,关键是理清接口时序图和寄存器的使用方式。TLC2543 的接口时序图如图 5-17 所示。

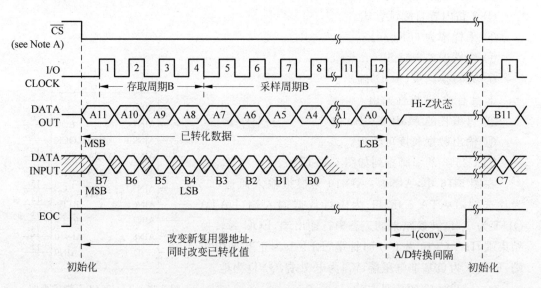

图 5-17 TLC2543 接口时序图

图 5-17 是 TLC2543 在片选信号使能的前提下,使用 12 位模式的接口时序图。从图中可看出,在片选信号 $\overline{CS}$ 有效的情况下,首先要根据 A/D 转换的功能需要配置要输入的数据,需要注意的是,在读数据的同时,TLC2543 将上一次转换的数据从数据输出口伴随输入时钟输出。为了提高 A/D 采样的速率,可以采用在设置本次采样的同时,将上次 A/D 采样的值读出的办法。

任务四　拓展训练

在本项目任务二和任务三中,我们分别采用了 ADC0809 和 TLC2543 制作数字电压表,此电压表采集的是一路电压,由于现实生活中需要采集多路电压值,因此在扩展训练中,要求修改程序,采集多路电压值。

一、基于 ADC0809 的数字电压表扩展训练

1. 训练目的

此项训练重在训练学习者对 ADC0809 的理解和应用能力,即在不改变硬件电路的情况下,通过修改程序实现多路电压的测量及显示。

2. 训练内容

① 采用本项目任务二制作的 ADC0809 数据采集及显示硬件电路,在不改变硬件电路的情况下,通过修改程序采集 3 路电压值的测量及显示,每路电压值轮流显示 3s。

② 采用本项目任务二制作的 ADC0809 数据采集及显示硬件电路,在不改变硬件电路的情况下,通过修改程序采集 8 路电压值的测量及显示,每路电压值轮流显示 3s。

二、基于 TLC2543 的数字电压表扩展训练

1. 训练目的

此项训练重在训练学习者对 TLC2543 的理解和应用能力,即在不改变硬件电路的情况下,通过修改程序实现多路电压的测量及显示。

2. 训练内容

① 采用本项目任务三制作的 TLC2543 数据采集及显示硬件电路,在不改变硬件电路的情况下,通过修改程序采集 3 路电压值的测量及显示,每路电压值轮流显示 3s。

② 采用本项目任务三制作的 TLC2543 数据采集及显示硬件电路,在不改变硬件电路的情况下,通过修改程序采集 11 路电压值的测量及显示,每路电压值轮流显示 3s。

知识训练

1. 试说明逐次逼近式 A/D 转换器的工作原理。
2. 试说明 ADC0809 模数转换原理。
3. 试说明 TLC2543 模数转换原理。
4. 利用图 5-2 所示的电路,编写由 ADC0809 的通道 6 连续采集 20 个数据放在数组

中的程序。

5. 利用图 5-2 所示的电路,要求每分钟采集一次模拟信号,写出对 8 路信号采集一遍的程序。

6. 对于 ADC0809 进行数据采集编程。要求对 8 路模拟量连续采集 24h,每隔 10min 采集一次,数据存放在外部数据存储器中。

7. 利用图 5-2 所示电路,每分钟对通道 0 采集一次数据,连续采集 5 次,若平均值超过 80H,则由 P1.0 输出控制信号 1,否则就使 P1.0 输出 0。

8. 利用图 5-10 所示电路,要求 TLC2543 的 11 个模拟输入通道每分钟采集一次数据,并要求数码管轮流显示各个模拟输入通道的电压值。

设计制作信号发生器

需要掌握的理论知识：
- MS-C51 系列单片机 I/O 端口知识、D/A 转换相关知识等。
- C51 程序语言中 for 语句、do while 语句运行规则、使用方法等。
- DAC0832 各管脚功能以及与单片机的接口编程。
- TLC5615 各管脚功能以及与单片机的接口编程。

需要掌握的能力：
- 会选择合适的 I/O 端口作为输出脚。
- 理解并会使用适当循环语句完成循环功能。
- 掌握采用 DAC0832 输出波形（模拟信号）的编程。
- 掌握采用 TLC5615 输出波形（模拟信号）的编程。

任务一 明确信号发生器设计要求

信号发生器是一种能产生标准信号的电子仪器，是工业生产和电工、电子实验室中经常使用的电子仪器之一。在本项目中要求设计制作信号发生器。

设计要求如下：

① 要求分别采用 DAC0832、TLC5615 芯片设计完成一个正弦波信号发生器。

② 正弦波信号发生器的信号频率不作特别要求。

采用 DAC0832 设计的正弦波信号发生器的实物照片如图 6-1 所示，通过数字示波器观察的信号波形如图 6-2 所示。

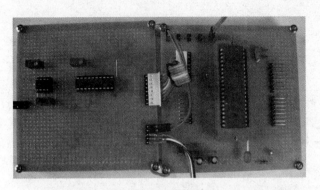

图 6-1 基于 DAC0832 的正弦波信号发生器实物图

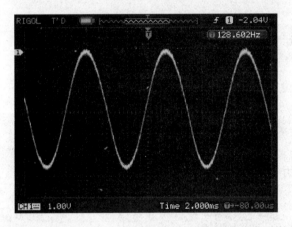

图 6-2 基于 DAC0832 的正弦波信号发生器输出波形图

任务二 设计制作基于 DAC0832 的正弦波信号发生器

在本任务中我们将给出制作正弦波信号发生器所需的元器件及型号,便于学习者购买及选用;给出正弦波信号发生器的硬件连接原理图;给出正弦波信号发生器的控制程序;最后介绍使用仿真软件仿真正弦波信号发生器的操作过程。

一、选择元器件

基于 DAC0832 制作的正弦波信号发生器所用元器件如表 6-1 所示,其中单片机最小系统板在"项目准备二"中已制作完成,可直接使用。

表 6-1 基于 DAC0832 的正弦波信号发生器所用元器件

序号	名称	型号/参数	数量
1	芯片	DAC0832	1
2	芯片	μA741	1
3	IC 底座	20 脚	1
4	IC 底座	8 脚	1

续表

序号	名称	型号/参数	数量
5	多圈精密可调电位器	47kΩ	1
6	多圈精密可调电位器	10kΩ	1
7	多圈精密可调电位器	15kΩ	1
8	单孔板	/	1
9	排针	/	13针

二、设计硬件电路

基于DAC0832的正弦波信号发生器的硬件连接原理图(见图6-3)可以分为两部分。

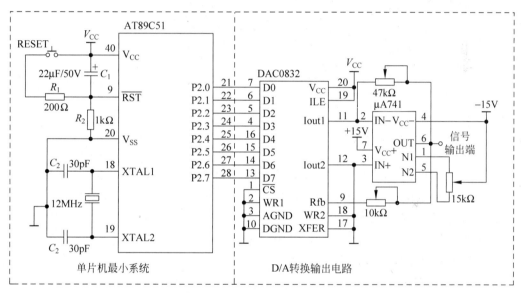

图6-3 基于DAC0832的正弦波信号发生器的硬件连接原理图

① 单片机的最小系统连接图,此部分已在"项目准备二"中制作完成,读者可直接使用。

② D/A转换输出电路图,如图6-3所示,主要由一块DAC0832、一块μA741芯片、3个电位器组成。单片机的P2口接DAC0832的数据输入端,DAC0832的Iout1和Iout2分别接μA741的IN−和IN+端,μA741的OUT端作为信号输出端。

三、设计程序

DAC0832与51单片机主要有三种基本的接口方式,即直通方式、单缓冲方式和双缓冲方式。

直通方式:该方式是使所有控制信号($\overline{CS}$、$\overline{WR1}$、$\overline{WR2}$、$\overline{XFER}$)均有效,只适宜于连续反馈控制线路中。

单缓冲方式:该方式适用于只有1路模拟量输出或几路模拟量非同步输出的情况。在这种方式下,将2级寄存器的控制信号并接,输入数据在控制信号的作用下,直接送入DAC寄存器中,也可以采用把$\overline{WR2}$、$\overline{XFER}$这两个信号固定接地的方法。

双缓冲方式：该方式是先控制 DAC0832 的数据锁存器以接收数据，然后再控制 DAC0832 的 DAC 寄存器，通过这种方式可以实现多个 D/A 转换的同步输出。

下面将分别介绍单缓冲工作方式和双缓冲工作方式的应用方法。

(1) 单缓冲方式

当只有一路 D/A 转换输出，或虽有多路 D/A 转换但非同步输出时，采用单缓冲方式。图 6-4 为 DAC0832 与 8051 单片机典型的单缓冲方式接口电路。

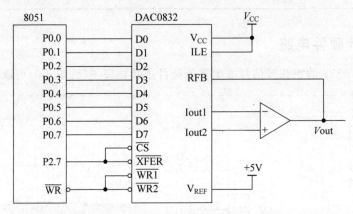

图 6-4 DAC0832 与 8051 单片机的单缓冲方式接口电路图

图 6-4 中，ILE 引脚直接接高电平，$\overline{WR1}$ 和 $\overline{WR2}$ 相连后与 8051 单片机的 $\overline{WR}$ 相连，$\overline{CS}$ 和 $\overline{XFER}$ 相连后接在 8051 单片机的 P2.7 口，这样就同时片选了 DAC0832 的数据锁存器和 DAC 寄存器，8051 单片机对 DAC0832 执行一次写操作就把一个数据写入数据锁存器，同时也直接写入了 DAC 寄存器，模拟量输出随之变化。从图可知，数据锁存器和 DAC 寄存器的地址都为 7FFFH。

(2) 双缓冲方式

当有多路 D/A 转换需同步输出时，要采用双缓冲方式。这时数字量的输入锁存和 D/A 转换输出是分两步完成的，即 CPU 的数据总线分时地向各路 D/A 转换器输入要转换的数据量并锁存在各自的数据输入锁存器中；然后，CPU 对所有 D/A 转换器发出控制信号，使所有 D/A 转换器数据输入锁存器中断数据存入 DAC 寄存器，实现同步转换输出。图 6-5 所示电路为 DAC0832 与 8051 单片机典型的双缓冲方式接口电路。

图 6-5 中，两片 DAC0832 的 $\overline{WR1}$ 和 $\overline{WR2}$ 都相连后再与 8051 单片机的 $\overline{WR}$ 相连，DAC0832(1) 的片选端 $\overline{CS}$ 和 DAC0832(2) 的片选端 $\overline{CS}$ 分别接在 8051 单片机的 P2.5 和 P2.6 端口，由此可知，DAC0832(1) 的数据锁存器地址为 0DFFFH，DAC0832(2) 的数据锁存器地址为 0BFFFH。而由于两片 DAC0832 的 $\overline{XFER}$ 都接在 51 单片机的同一个引脚 P2.7 上。由图 6-5 可知，这两个 D/A 转换器的 DAC 寄存器的地址均为 7FFFH，可作为两个 D/A 转换器的同步转换信号。

在本项目中，采用单缓冲方式，首先将正弦波进行电压采样，一个周期采样点为 181 点，在程序中建立一个一维数组，数组长度为 181。通过单片机工具——正弦波数据生成器计算出此一维数组的数据，如图 6-6 所示，正弦波数据生成器可在网上免费下载。

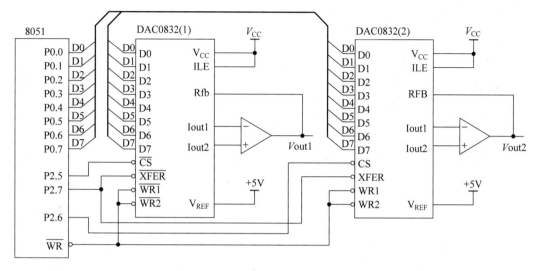

图 6-5 DAC0832 与 8051 单片机的双缓冲方式接口电路图

图 6-6 正弦波数据生成器产生正弦波 C51 数据

在本任务中,程序功能较为简单,主要按顺序在数组中查表,然后通过 P2 口输出即可。

DAC0832 正弦波信号发生器的源程序如下:

```
#include<AT89X51.h>
#define uint unsigned int
#define uchar unsigned char
unsigned int code sin_dat[181]=
{0x7F,0x83,0x88,0x8C,0x91,0x95,0x99,0x9E,0xA2,0xA6,0xAA,0xAF,0xB3,0xB7,0xBB,
0xBE,0xC2,0xC6,0xCA,0xCD,0xD1,0xD4,0xD7,0xDA,0xDD,0xE0,0xE3,0xE6,0xE8,0xEB,
0xED,0xEF,0xF1,0xF3,0xF5,0xF7,0xF8,0xF9,0xFA,0xFC,0xFC,0xFD,0xFE,0xFE,0xFE,
0xFE,0xFE,0xFE,0xFE,0xFD,0xFD,0xFC,0xFB,0xFA,0xF9,0xF7,0xF6,0xF4,0xF2,0xF0,
0xEE,0xEC,0xEA,0xE7,0xE4,0xE2,0xDF,0xDC,0xD9,0xD6,0xD2,0xCF,0xCB,0xC8,0xC4,
```

0xC0,0xBD,0xB9,0xB5,0xB1,0xAC,0xA8,0xA4,0xA0,0x9C,0x97,0x93,0x8E,0x8A,0x86,
0x81,0x7D,0x78,0x74,0x70,0x6B,0x67,0x62,0x5E,0x5A,0x56,0x52,0x4D,0x49,0x45,0x41,
0x3E,0x3A,0x36,0x33,0x2F,0x2C,0x28,0x25,0x22,0x1F,0x1C,0x1A,0x17,0x14,0x12,0x10,
0x0E,0x0C,0x0A,0x08,0x07,0x05,0x04,0x03,0x02,0x01,0x01,0x00,0x00,0x00,0x00,0x00,
0x00,0x00,0x01,0x02,0x02,0x04,0x05,0x06,0x07,0x09,0x0B,0x0D,0x0F,0x11,0x13,0x16,
0x18,0x1B,0x1E,0x21,0x24,0x27,0x2A,0x2D,0x31,0x34,0x38,0x3C,0x40,0x43,0x47,0x4B,
0x4F,0x54,0x58,0x5C,0x60,0x65,0x69,0x6D,0x72,0x76,0x7B};   //正弦信号产生数组
/***/
//主程序
/***/
void main()
{
    uint i=0;
    while(1)
    {
        for(i=0;i<181;i++)   //以下为0832驱动程序
        {
            P2=sin_dat[i];   //P2口输出数据
            ;;;   //小延时
        }
    }
}
```

### 四、项目仿真

程序编写好,在 Keil 编译环境编译通过后,为了提高实际制作电路板的成功率,我们建议先用 Proteus 仿真软件仿真一遍,以确保该项设计在理论上是成功的。仿真步骤如下:

① 启动 Proteus 仿真软件。

② 从 Proteus 仿真软件的元器件库里选出此次仿真需要用到的元器件,按表 6-2 所示的元件清单添加元件。

表 6-2　DAC0832 正弦波信号发生器的元件清单

| 元件名称 | 所属类 | 所属子类 |
| --- | --- | --- |
| AT89C51 | Microprocessor ICs | 8051 Family |
| DAC0832 | Data Converters | D/A Converters |
| μA741 | Operational Amplifiers | Single |
| POT-HG | Resistors | Variable |

元件全部添加后,在 Proteus ISIS 的编辑区域中按图 6-7 所示的仿真电路图连接硬件电路。

在 Proteus ISIS 中,将 Keil 产生的 HEX 文件加入 AT89C51 中,并仿真电路检验系统运行状态是否符合设计要求。观察示波器的输出波形,如图 6-8 所示。
```

项目六 设计制作信号发生器

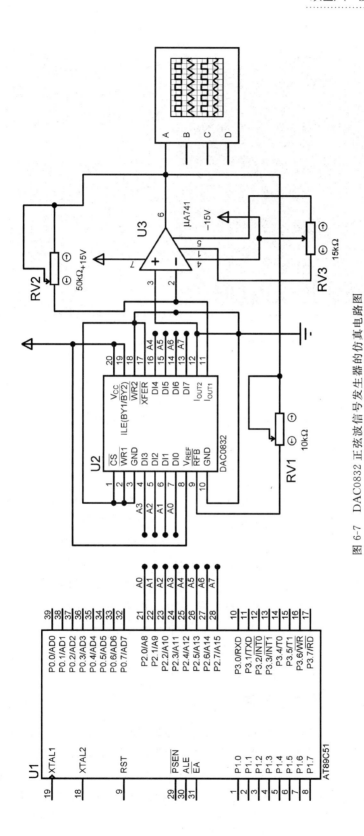

图 6-7 DAC0832 正弦波信号发生器的仿真电路图

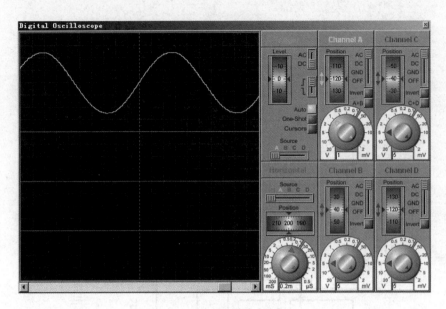

图 6-8　示波器显示正弦波仿真图(一)

五、制作电路板

在制作本电路板时,考虑到前面我们已完成单片机系统的制作,此处只制作 D/A 转换电路板,如图 6-2 所示。

制作步骤如下:

① 单片机的 P2 口接 DAC0832 的数据输入端 D0~D7。

② DAC0832 的 $\overline{CS}$ 端(1 脚)、WR1(2 脚)、AGND(3 脚)、DGND(10 脚)、Iout2(12 脚)、XREF(17 脚)和 WR2(18 脚)均接地,V_{CC}(20 脚)和 ILE 端(19 脚)接电源。

③ DAC0832 的 Iout1(11 脚)接 μA741 的 IN−(2 脚),Iout2(12 脚)接 μA741 的 IN+(3 脚),RFB(9 脚)通过一个 10kΩ 的电位器接 μA741 的 OUT(6 脚)。

④ μA741 的 V_{CC}−(4 脚)接−15V,V_{CC}+(7 脚)接+15V,N1(1 脚)和 N2(5 脚)分别接一个 15kΩ 的电位器两端,电位器的中间端接 μA741 的 V_{CC}−(4 脚)。

⑤ μA741 的 IN−(2 脚)通过一个 47kΩ 的电位器接 OUT(6 脚),IN+(3 脚)接地。

⑥ μA741 的 OUT(6 脚)端作为信号输出端,接示波器可观察波形。

焊制成功的电路板如图 6-9 所示。

六、DAC0832 芯片知识与使用方法

在单片机控制系统中,很多控制对象用的是模拟量,如对电机、机械手、记录仪等设备的控制等,所以必须将单片机输出的数字量转换为模拟电压或电流,送到执行机构以达到某种控制过程。所有这些都离不开数字模拟转换接口(D/A),此外 D/A 转换还可以产生各种波形。所以,D/A 转换接口是数字化测控系统及智能仪器中必要的组成部分。

图 6-9 DAC0832 电路连接图

（一）D/A 转换原理

D/A 转换是将数字量信号转换成与此数值成正比的模拟量信号。一个二进制数是由各位代码组合起来的，每位代码在二进制数中的位置代表一定的权。为了将数字量转换成模拟量，应将每位代码按权大小转换成相应的模拟输出分量，然后根据叠加原理将各代码对应的模拟输出分量相加，其总和就是与数字量成正比的模拟量，至此 D/A 转换完成。

为实现上述 D/A 转换，须使用解码网络。解码网络的主要形式有二进制权电阻解码网络和 T 型电阻解码网络两种。实际应用的 D/A 转换器多数采用 T 型电阻解码网络。由于它所采用的电阻阻值小，具有简单、直观、转换速度快、转换误差小等优点，因而这里仅介绍 T 型电路网络 D/A 转换法。图 6-10 即为其结构原理图。该图中包括 1 个 4 位切换开关、4 路 R-$2R$ 电阻网络、1 个运算放大器和 1 个比例电阻 R_F。

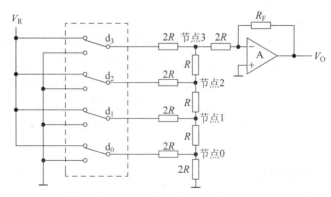

图 6-10 T 型电阻网络 D/A 转换原理图

整个 T 型电阻网络电路是由相同的电路环节组成的。每节有 2 个电阻（R、$2R$）、1 个开关，相当于二进制数的 1 位，开关由该位的代码所控制。由于电阻接成 T 型，故称"T 型解码网络"。此电路采用了分流原理实现对输入位数字量的转换。图中无论从哪个 R-$2R$ 节点向上或向下看，等效电阻都是 $2R$。从 $d_0 \sim d_3$ 看进去的等效输入电阻都是 $3R$，于是每个开关流入的电流 I 都可看做相等，即 $I = V_R/3R$。这样由开关 $d_0 \sim d_3$ 流入运算放大器的电流自上向下以 1/2 系数逐渐递减，依次为 $(1/2)I$、$(1/4)I$、$(1/8)I$、$(1/16)I$。设 $d_3 d_2 d_1 d_0$ 为输入的二进制数字量，于是输出的电压值为：

$$V_O = -R_F \sum I_i = -(R_F \times V_R/3R) \times (d_3 \times 2^{-1} + d_2 \times 2^{-2} + d_1 \times 2^{-3} + d_0 \times 2^{-4})$$

$$= -[(R_F \times V_R/3R) \times 2^{-4}] \times (d_3 \times 2^3 + d_2 \times 2^2 + d_1 \times 2^1 + d_0 \times 2^0)$$

式中，$d_0 \sim d_3$ 取值为 0 或 1。0 表示切换开关与地相连，1 表示切换开关与参考电压 V_R 接通，该位有电流输入。这就完成了由二进制数到模拟量电压信号的转换。由此式可以看出，V_R 和 V_O 的电压符号正好相反，即要使输出电压 V_O 为正，则 V_R 必须为负。由此式还可以看出，增加开关和权电阻的个数可以提高电压转换精度。

D/A 输出电压值的大小不仅与二进制数码有关，还与运算放大器的反馈电阻 R_F、基准电压 V_R 有关。当 D/A 设置为满刻度值时，可以通过这两个参数调整电压的最大输出值。

（二）D/A 转换的主要技术指标

1. D/A 建立时间（Setting Time）

D/A 建立时间是描述转换速率高低的一个重要参数，是指当 D/A 转换器输入数字量为满刻度值（二进制各位全为 1）时，从输入加上模拟量电压到输出达到满刻度值或满刻度值的某一百分比（如 99%）所需的时间，也可称为"输入 D/A 转换速率（Conversion Rate）"。不同类型的 D/A 建立时间大多是不同的，但一般均在几十纳秒到几百微秒的范围内。

2. D/A 转换精度（Accuracy）

精度参数用于表明 D/A 转换的精确程度，一般用误差大小来表示，通常以满刻度电压（满量程电压）V_{FS} 的百分数形式给出。例如，精确度为 ±0.1% 指的是，最大误差为 V_{FS} 的 ±0.1%。如果 V_{FS} 为 5V，则最大误差为 ±5mV。

3. 分辨率（Resolution）

分辨率表示对输入的最小数字量信号的分辨能力，即当输入数字量最低位（LSB）产生一次变化时，所对应输出模拟量的变化量，而分辨率则与输入数字量的位数有关。如果数字量的位数为 n，则 D/A 转换器的分辨率为 2^{-n}。显然，在 D/A 输出满量程电压相同的情况下，位数越多，分辨率就越高。通常以其二进制位数来表示分辨率。

需要注意的是：精度和分辨率是两个不同的概念。精度取决于构成转换器的各部件的误差和稳定性，而分辨率取决于转换器的位数。

（三）D/A 芯片 DAC0832

DAC0832 是采用 CMOS 工艺制作的 8 位单片梯形电阻式 D/A 转换器，片内带数据锁存器,为电流输出型转换器,输出电流持续时间为 1μs,其引脚图如图 6-11 所示。

DAC0832 中由一个 8 位 DAC 寄存器、一个 8 位输入锁存器、一个 8 位 D/A 转换器及逻辑控制电路组成。输入数据锁存器和 DAC 寄存器构成了两级缓存,可以实现多通道 D/A 的同步转换输出。由于 DAC0832 是电流型输出,应用时须外接运算放大器使之成为电压型输出。

DAC0832 采用 20 脚的 DIP 封装,各引脚的功能如下。

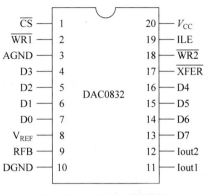

图 6-11 DAC0832 引脚图

① D0~D7:8 位数据输入线,TTL 电平,有效时间长于 90ns。

② ILE:数据锁存允许控制信号输入线,高电平有效。

③ $\overline{CS}$:片选信号输入端,低电平有效。

④ $\overline{WR1}$:输入寄存器的写选通输入端,负脉冲有效(脉冲宽度应大于 500ns),当 $\overline{CS}$ 为 0,ILE 为 1,有效时,D0~D7 状态被锁存到输入寄存器。

⑤ $\overline{XFER}$:数据传输控制信号输入端,低电平有效。

⑥ $\overline{WR2}$:DAC 寄存器写选通输入端,负脉冲(脉冲宽度应大于 500ns)有效,当 $\overline{XFER}$ 为 0 且 $\overline{WR2}$ 有效时,输入寄存器的状态被传送到 DAC 寄存器中。

⑦ Iout1:电流输出端,当输入全为 1 时,Iout1 最大。

⑧ Iout2:电流输出端,其值与 Iout1 值之和为一个常数。

⑨ RFB:反馈电阻端,芯片内部此端与 Iout1 之间已接有 1 个 15kΩ 的电阻。

⑩ V_{CC}:电源电压端,范围为+5~+15V。

⑪ V_{REF}:基准电压输入端,V_{REF} 范围为-10V~+10V,此端电压决定 D/A 输出电压的范围。如果 V_{REF} 接+10V,则输出电压范围为 0~-10V,如果 V_{REF} 接-5V,则输出电压范围为 0~+5V。

⑫ AGND:模拟地,为模拟信号和基准电源的参考地。

⑬ DGND:数字地,为工作电源地和数字逻辑地。两种地线最好在电源处一点共地。

任务三　设计制作基于 TLC5615 的正弦信号发生器

随着工业自动化程度的不断提高,在工业中使用的仪表日趋智能化、多功能化、小型化,其硬件电路设计大多采用单片机为核心,再配以外围电路构成。目前数模转换器从接口上可分为两大类:并行接口数模转换器和串行接口数模转换器。并行接口数模转换器的引脚多、体积大、占用单片机的口线多;而串行数模转换器的体积小、占用单片机的口线少。

TLC5615 是美国德州仪器公司推出的产品,是带有缓冲基准输入(高阻抗)的 10 位电压输出数字/模拟转换器(DAC)。DAC 具有基准电压两倍的输出电压范围,且 DAC 是单调变化的。器件可在单 5V 电源下工作,且具有上电复位功能以确保可重复启动。

TLC5615 的数字控制通过三线串行总线进行,它与 CMOS 兼容且易于和工业标准的微处理器及单片机接口。器件接收 16 位数据字以产生模拟输出。数字输入端的特点包括带有施密特触发器,具有高噪声抑制能力。数字通信协议包括 SPI、QSP 以及 Microwire 标准。TLC5615 功耗较低,在 5V 供电时功耗仅为 1.75mW;数据更新速率为 1.2MHz;TLC5615 的典型建立时间为 12.5μs。

本任务主要介绍如何制作一个基于 TLC5615 的正弦波发生器。在这里,我们将给出本制作所需的元器件及型号,便于学习者购买及选用,给出硬件连接原理图,给出 TLC5615 的正弦波发生器的控制程序,最后介绍使用仿真软件仿真的操作过程。

一、选择元器件

基于 TLC5615 的正弦波发生器所用元器件如表 6-3 所示,其中单片机最小系统板在"项目准备二"中已制作完成,可直接使用。

表 6-3 TLC5615 的正弦波发生器所用元器件

序号	名 称	型号/参数	数量
1	芯片	TLC5615	1
2	芯片	μA741	1
3	IC 底座	8 脚	2
4	电阻	10kΩ	1
5	电阻	300Ω	1
6	多圈精密可调电位器	10kΩ	3
7	多圈精密可调电位器	1kΩ	1
8	三端稳压器	LM317	1
9	单孔板	/	1
10	排针	/	8 针

二、设计硬件电路

TLC5615 正弦波信号发生器的硬件连接原理图(见图 6-10)可以分为两部分:
① 单片机的最小系统连接图,此部分已在"项目准备二"中制作完成,读者可直接使用。
② D/A 转换输出电路图,如图 6-12 所示,主要包括 3 个模块,分别是 TLC5615、μA741、LM317。其中 TLC5615 实现数模转换,μA741 实现信号放大,LM317 提供一个基准电压(2V)供给 TLC5615。

三、设计程序

TLC5615 的工作时序如图 6-13 所示。可以看出,只有当片选$\overline{CS}$为低电平时,串行输入数据才能被移入 16 位移位寄存器。当$\overline{CS}$为低电平时,在每一个 SCLK 时钟的上升沿将 DIN 的一位数据移入 16 位寄存器。注意,二进制以高位在前、低位在后的方式移入。接着,$\overline{CS}$的上升沿将 16 位移位寄存器的 10 位有效数据锁存于 10 位 DAC 寄存器中,供 DAC 电路进行转换;当片选$\overline{CS}$为高电平时,串行输入数据不能被移入 16 位移位寄存器

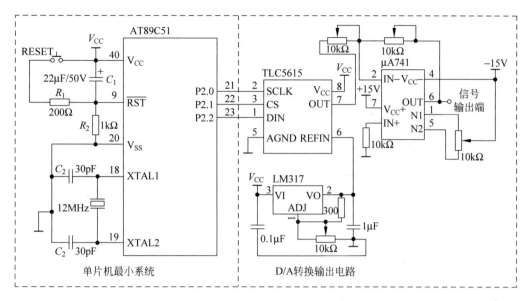

图 6-12　TLC5615 正弦波信号发生器的硬件连接原理图

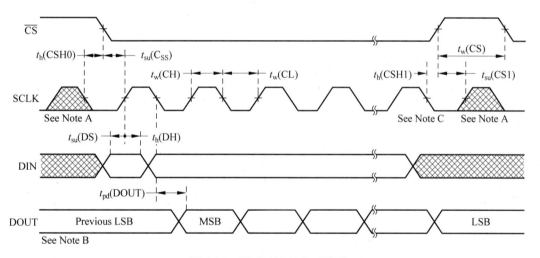

图 6-13　TLC5615 工作时序图

中。注意，$\overline{\text{CS}}$的上升沿和下降沿都必须发生在 SCLK 为低电平期间。

从图 6-12 中可以看出，最大串行时钟速率为

$$f(\text{SCLK})_{\text{MAX}} = \frac{1}{t_{\text{W}}(\text{CH}) + t_{\text{W}}(\text{CS})} \approx 14\text{MHz}$$

通常，数字更新速率受片选周期限制。对于满度输入阶跃跳变，10 位 DAC 建立时间为 12.5μs，这把更新速率限制至 80kHz。

在本任务中，主程序的功能较为简单，首先是系统初始化，然后是一个"死循环"，"死循环"主要包括一个 for 循环，循环次数为 181 次，每循环一次，均完成 TLC5615 的函数调用一次。主程序流程框图如图 6-14 所示。

TLC5615 正弦波信号发生器驱动程序流程框图如图 6-15 所示，主要完成一个采样点的电压输出。

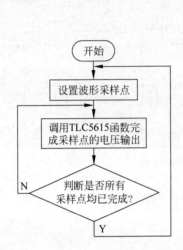

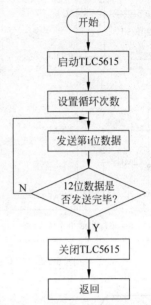

图 6-14　TLC5615 正弦波信号发生器的主程序流程框图

图 6-15　TLC5615 正弦波信号发生器驱动程序流程框图

在本任务中，需要建立一个正弦波的一维数组，数组长度为 181，可通过单片机工具——正弦波数据生成器计算出此一维数组的数据，如图 6-16 所示，注意输出精度为 10。

图 6-16　正弦波数据生成器产生正弦波 C51 数据

TLC5615 正弦波信号发生器的源程序如下：

```
#include <AT89X51.h>
#define uint unsigned int
#define uchar unsigned char
```

```c
sbit DIN = P2^2;                        //数据接口定义
sbit CK  = P2^0;                        //时钟信号接口定义
sbit CS  = P2^1;                        //片选信号接口定义
uint code sin_dat[181]=
{0x1FF,0x211,0x222,0x234,0x246,0x257,0x269,0x27A,0x28B,0x29C,0x2AD,0x2BE,0x2CE,
0x2DE,0x2EE,0x2FD,0x30D,0x31C,0x32A,0x338,0x346,0x354,0x361,0x36D,0x37A,0x385,
0x390,0x39B,0x3A6,0x3AF,0x3B8,0x3C1,0x3C9,0x3D1,0x3D8,0x3DE,0x3E4,0x3EA,0x3EE,
0x3F3,0x3F6,0x3F9,0x3FB,0x3FD,0x3FE,0x3FE,0x3FE,0x3FE,0x3FC,0x3FA,0x3F8,0x3F4,
0x3F1,0x3EC,0x3E7,0x3E1,0x3DB,0x3D5,0x3CD,0x3C5,0x3BD,0x3B4,0x3AA,0x3A0,0x396,
0x38B,0x37F,0x374,0x367,0x35A,0x34D,0x33F,0x331,0x323,0x314,0x305,0x2F6,0x2E6,
0x2D6,0x2C6,0x2B5,0x2A5,0x294,0x283,0x271,0x260,0x24F,0x23D,0x22B,0x21A,0x208,
0x1F6,0x1E4,0x1D3,0x1C1,0x1AF,0x19E,0x18D,0x17B,0x16A,0x159,0x149,0x138,0x128,
0x118,0x108,0x0F9,0x0EA,0x0DB,0x0CD,0x0BF,0x0B1,0x0A4,0x097,0x08A,0x07F,0x073,
0x068,0x05E,0x054,0x04A,0x041,0x039,0x031,0x029,0x023,0x01D,0x017,0x012,0x00D,
0x00A,0x006,0x004,0x002,0x000,0x000,0x000,0x000,0x001,0x003,0x005,0x008,0x00B,
0x010,0x014,0x01A,0x020,0x026,0x02D,0x035,0x03D,0x046,0x04F,0x058,0x063,0x06E,
0x079,0x084,0x091,0x09D,0x0AA,0x0B8,0x0C6,0x0D4,0x0E2,0x0F1,0x101,0x110,0x120,
0x130,0x140,0x151,0x162,0x173,0x184,0x195,0x1A7,0x1B8,0x1CA,0x1DC,0x1ED};
                                        //10位正弦信号数组
/******************************************************************/
//函数名:take5615(unsigned int data)
//功能:5615驱动程序
//调用函数:
//输入参数:dat
//输出参数:
//说明:dat是进行da转换的数据
/******************************************************************/
void take5615(uint dat)
{
    uchar i;
    CS = 0;
    CK = 0;                             //启动5615
    for (i=0;i<12;i++)
    {
        DIN = dat&0x200;                //发送数据
        CK = 1;
        dat<<= 1;
        CK=0;                           //产生时钟信号
    }
    CS = 1;                             //转换数据发送完毕关5615
}
/******************************************************************/
//主程序
/******************************************************************/
void main()
{
```

```
    uint i;
    while(1)
    {
        for(i=0;i<181;i++)
        {
            take5615(sin_dat[i]);      //调用 5615 驱动程序
        }
    }
}
```

四、项目仿真

程序编写好，在 Keil 编译环境编译通过后，为了提高实际制作电路板的成功率，我们建议先用 Proteus 仿真软件仿真一遍，以确保该项设计在理论上是成功的。仿真步骤如下：

① 启动 Proteus 仿真软件。

② 从 Proteus 仿真软件的元器件库里选出此次仿真需要用到的元器件，按表 6-4 所示的元件清单添加元件。

表 6-4 TLC5615 正弦波信号发生器的仿真元件清单

元件名称	所属类	所属子类
AT89C51	Microprocessor ICs	8051 Family
TLC5615	Data Converters	D/A Converters
μA741	Operational Amplifiers	Single
POT-HG	Resistors	Variable
RES	Resistors	Generic
CAP	Capacitors	Generic
CAP-ELEC	Capacitors	Generic
LM317T	Analog ICs	Regulatros

元件全部添加后，在 Proteus ISIS 的编辑区域中按图 6-17 所示的仿真电路图连接硬件电路。

在 Proteus ISIS 中，将 Keil 产生的 HEX 文件加入 AT89C51 中，并仿真电路检验系统运行状态是否符合设计要求。观察示波器的输出波形，如图 6-18 所示。

五、制作电路板

在制作本电路板时，考虑到前面我们已完成单片机系统的制作，此处只制作 D/A 转换输出的电路板，电路如图 6-11 所示。

制作步骤如下：

① 单片机的 P2.0 口（21 脚）接 TLC5615 的 SCLK 端（2 脚），单片机的 P2.1 口（22 脚）接 TLC5615 的 CS 端（3 脚），单片机的 P2.2 口（23 脚）接 TLC5615 的 DIN 端（1 脚）。

② TLC5615 的 AGND 端（5 脚）接地，TLC5615 的 V_{CC} 端（8 脚）接+5V 电源。

项目六 设计制作信号发生器

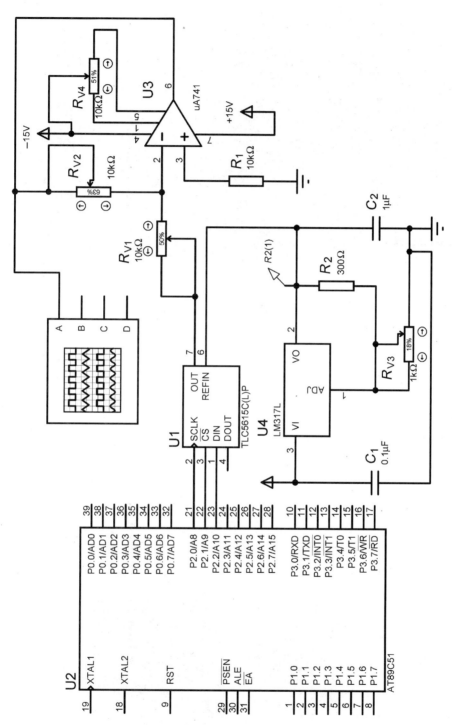

图 6-17 TLC5615 正弦波信号发生器的仿真电路图

图 6-18　示波器显示正弦波仿真图(二)

③ LM317 的 VI 端(3 脚)接+5V 电源，ADJ 端(1 脚)与 VO 端(2 脚)间串接一个 300Ω 的电阻，10kΩ 电位器的一端与中间端均接 LM317 的 ADJ 端(1 脚)，另一端接地，LM317 的 VI 端(3 脚)接一个 0.1μF 的电容到地，LM317 的 VO 端(2 脚)接一个 1μF 的电容到地。按此电路连接，通过调节电位器可使得 LM317 的 VO 端(2 脚)输出一个 2V 的直流信号，作为 TLC5615 的参考电压，即 LM317 的 VO 端(2 脚)直接与 TLC5615 的 REFIN(6 脚)相接。

④ μA741 的 $V_{CC}-$(4 脚)接$-15V$，$V_{CC}+$(7 脚)接$+15V$，N1(1 脚)和 N2(5 脚)分别接一个 10kΩ 的电位器两端，电位器的中间端接 μA741 的 $V_{CC}-$(4 脚)。

⑤ μA741 的 IN$-$(2 脚)通过一个 10kΩ 的电位器接 OUT(6 脚)，μA741 的 IN$-$(2 脚)通过一个 10kΩ 的电位器接 TLC5615 的 OUT(7 脚)。

⑥ μA741 的 IN$+$(3 脚)接一个 10kΩ 电阻到地。

⑦ μA741 的 OUT(6 脚)端作为信号输出端，接示波器可观察波形。

焊制成功的电路板如图 6-19 所示，通过数字示波器观察的波形图，如图 6-20 所示。

图 6-19　TLC5615 正弦波信号发生器电路连接图

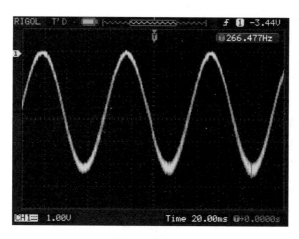

图 6-20　TLC5615 正弦波信号发生器输出波形图

六、TLC5615 芯片知识与使用方法

（一）TLC5615 的特点、引脚及内部结构

1. TLC5615 特点

TLC5615 是一个串行 10 位 DAC 芯片，性能比早期电流型输出的 DAC 要好。只需通过 3 根串行总线就可以完成 10 位数据的串行输入，易于和工业标准的微处理器或微控制器相接，适用于数字失调与增益调整以及工业控制场合。

其特点有：

① 单 5V 电源工作。

② 3 线串行接口。

③ 高阻抗基准输入端。

④ DAC 输出最大电压为 2 倍基准输入电压。

⑤ 上电时内部自动复位。

⑥ 微功耗，最大功耗为 1.75mW。

⑦ 转换速率快，更新率为 1.21MHz。

⑧ 具有单、双极性输出。

⑨ 可编程的 MSB 或 LSB 前导。

⑩ 可编程的输出数据长度。

2. TLC5615 引脚

TLC5615 的引脚排列如图 6-21 所示。

各引脚功能如下。

① DIN：串行二进制数输入端。

② SCLK：串行时钟输入端。

③ CS：片选端，低电平有效。

④ DOUT：用于级联的串行数据输出端。

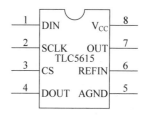

图 6-21　TLC5615 引脚排列图

⑤ AGND：模拟地。

⑥ REFIN：基准电压输入端，一般接 2V 电压，典型值为 2.048V。

⑦ OUT：DAC 模拟电压输出端。

⑧ V_{CC}：电源端，一般接 +5V。

3. TLC5615 内部结构

TLC5615 的内部结构框图如图 6-22 所示，主要由以下几部分组成。

① 10 位 DAC 电路(10-BIT DAC Register)。

② 一个 16 位移位寄存器(16- BIT Shift Register)，接收串行移入的二进制数据，并且有一个级联的数据输出端 DOUT。

③ 并行输入输出的 10 位 DAC 寄存器，为 10 位 DAC 电路提供待转换的二进制数据。

④ 电压跟随器为参考电压端 REFIN 提供很高的输入阻抗，大约 10MΩ。

⑤ ×2 电路提供最大值为 2 倍于 REFIN 的输出。

⑥ 上电复位电路(Power-ON Reset)和控制电路(Control Logic)。

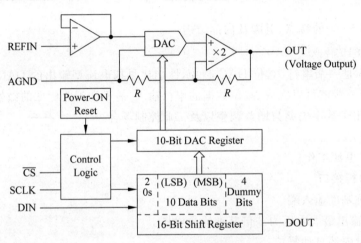

图 6-22　TLC5615 内部结构框图

（二）TLC5615 的使用方法

TLC5615 通过固定增益为 2 的运放缓冲电阻串网络，把 10 位数字数据转换为模拟电压电平。上电时，内部电路把 DAC 寄存器复位为 0，其输出具有与基准输入相同的极性，表达式为

$$VO = \frac{2 \times REF \times CODE}{1024}$$

1. 数据输入

由于 DAC 是 12 位寄存器，所以在 10 位数据子中必须写入数值为 0 的两个低于 LSB (D0)的位(次最低有效位)。

2. D/A 输出

输出缓冲器具有满电源电压幅度输出的特点，它带有短路保护并能驱动 100pF 负载电容的 2kΩ 负载。

3. 外部基准

基准电压输入经过缓冲,这使得 DAC 输入电阻与代码无关。因此 REFIN 输入电阻为 10MΩ,REFIN 输入电容的典型值为 5pF,它们与输入代码无关。基准电压决定 DAC 的满度输出。

4. 逻辑接口

逻辑输入端可以使用 TTL 或 CMOS 逻辑电平,但是用满电源电压幅度,CMOS 逻辑可得到最小的功耗。当使用 TTL 逻辑电平时,功率需求增加约两倍。

5. 菊花链接器件

假如时序关系合适,可以通过在一个链路中把一个器件的 DOUT 端连接到下一个器件的 DIN 端实现 DAC 的菊花链接(级联)。DIN 处的数据延迟 16 个时钟周期加一个时钟宽度后出现在 DOUT 端。DOUT 是低功率的推拉输出电路。当 CS 为低电平时,DOUT 在 SCLK 下降沿变化;当 CS 为高电平时,DOUT 保持在最近数据位的值并不进入高阻状态。

6. 数据格式

当片选 CS 为低电平时,输入数据读入 16 位移位寄存器(由时钟同步,最高有效位在前)。SCLK 输入的上升沿把数据移入输入寄存器。接着,CS 的上升沿把数据传送至 DAC 寄存器。当 CS 为高电平时,输入数据不能由时钟同步送入输入寄存器。所有 CS 的跳变应当发生在 SCLK 输入为低电平时。

如果不是用菊花链(级联),那么可以使用 MSB 在前的 12 位输入数据序列:

D9	D8	D7	D6	D5	D4	D3	D2	D1	D0	0	0

如果使用菊花链(级联),那么可以传送 4 个高虚拟位在前的 16 位输入数据序列:

4 个高虚拟位	10 位数据位	0	0

来自 DOUT 的数据需要输入时钟 16 个下降沿,因此,需要额外的时钟宽度。当菊花链接(级联)多个 TLC5615 器件时,因为数据传送需要 16 个输入时钟周期加上一个额外的输入时钟下降沿使数据在 DOUT 端输出,所以,数据需要 4 个高虚拟位。为了提供与 12 位数据转换器传送的硬件与软件兼容性,需要另加两个额外位以达到 12 位。

7. 系统稳定性及功耗

为了更好地使用 TLC5615,建议使用分离的模拟和数字地平面来提高系统性能。设计两个地平面时,应当在低阻抗处将模拟地与数字地连接在一起。通过把器件的 AGND 端连接到系统模拟地平面(该平面能确保模拟地电流流动良好且地平面上的电压降可以忽略),可以实现最佳的接地连接。

V_{CC} 和 AGND 之间应连接一个 $0.1\mu F$ 的陶瓷旁路电容,且应当用短引线安装在尽可能靠近器件的地方。

当系统不使用 D/A 转换器时,把 DAC 寄存器设置为全 0,可以使基准电阻阵列和输出负载的功耗降为最小。

任务四 拓展训练

在本项目任务二和任务三中,我们分别采用了 DAC0832 和 TLC5615 制作正弦波信号发生器,由于现实生活中可能还需要使用到三角波,因此在扩展训练中,要求修改程序,设计一个三角波发生器。

一、基于 DAC0832 的三角波发生器扩展训练

1. 训练目的

此项训练重在训练学习者对 DAC0832 的理解和应用能力,即在不改变硬件电路的情况下,通过修改程序实现三角波。

2. 训练内容

采用本项目任务二制作的数模转换电路,在不改变硬件电路的情况下,通过修改程序产生三角波,三角波的频率为 50Hz,要求每周期采样点为 181 点,三角波的幅度为 5V。

二、基于 TLC5615 的三角波发生器扩展训练

1. 训练目的

此项训练重在训练学习者对 TLC5615 的理解和应用能力,即在不改变硬件电路的情况下,通过修改程序实现三角波。

2. 训练内容

采用本项目任务三制作的数模转换电路,在不改变硬件电路的情况下,通过修改程序产生三角波,三角波的频率为 50Hz,要求每周期采样点为 181 点,三角波的幅度为 5V。

知识训练

1. 对于 12 位 D/A 转换器,输出电压和参考电压的关系是什么?

2. 什么样的 D/A 芯片可以直接和单片机数据总线相接?

3. 当 D/A 转换器输出锯齿波时,在没有示波器的情况下可采用万用表观察,但需加适当的延时,延时应加在何处?试编写适当的延时函数程序。

4. 编程实现由 DAC0832 输出的幅度和频率都可以控制的三角波,即从 0 上升到最大值,再从最大值下降到 0,并不断重复。

5. 用 AT89C51 单片机和 DAC0832 数模转换器产生梯形波。梯形波的斜边采用步幅为 1 的线性波,幅度为 00H~80H,水平部分靠调用延时程序来维持,写出梯形波产生的程序。

6. 若用 AT89C51 单片机内部定时器来维持梯形波的水平部分,如何编写产生梯形波的程序。

7. 用两片 DAC0832 芯片和 AT89C51 单片机（连接图如图 6-4 所示），编制一个产生等腰三角形的程序，即用一片 DAC0832 产生水平锯齿波扫描信号，用另一片 DAC0832 产生垂直信号。等腰三角形可用两次扫描产生，第一次扫描产生等腰三角形的斜边，第二次扫描产生等腰三角形的底边，然后不断重复即可得到稳定的波形。

8. 利用 TLC5615 设计一个直流稳压电源，电压范围为 0~5V，要求步进可调，步进值为 0.1V，采用两位一体数码管显示输出电压值。

设计制作串行通信小系统

> **需要掌握的理论知识：**
> - 理解串行口控制与状态寄存器 SCON 中 SM0、SM1 组合的意义；
> - 理解 SCON 中 REN 位、TI 和 RI 中断标志位的意义；
> - 理解 SCON 中其他位如 SM2、TB8、RB8 位的意义；
> - 能区分串行口 4 种工作方式的不同之处；
> - 掌握不同工作方式下的串行通信波特率计算公式；
> - 了解 MAX232 芯片相关知识。
>
> **需要掌握的能力：**
> - 能正确设置 SM0、SM1 组合以选择合适串行通信工作方式
> - 会使用 C 语言并正确设置 RI、TI 标志位编写通信程序；
> - 能根据通信的波特率计算出定时器 T1 应设置的初始值；
> - 能使用 MAX232 芯片，会编写单片机串行通信程序。

任务一 明确串行通信小系统的设计要求

在本项目中要求设计制作完成有关单片机通信的小系统，本项目中制作两个系统：制作双单片机间串行通信演示系统，制作路灯控制演示系统。

（1）双单片机间串行通信演示系统设计要求

有甲乙两片单片机系统构成一对单片机系统，每片单片机系统有 2 位数码管，两片单片机系统之间通过 RS-232 芯片实现串行通信。

工作时，甲发送"1"数字给乙，乙接收并识别后在乙系统的数码管上显示接收到的数字"1"，同时发送"2"数字给甲，甲系统接收并识别后在甲系统的数码管上显示收到的信息，同时发送"3"数字给乙单片机系统。如

此循环发送,直至数码管上显示99后再回到0,并开始下一轮循环。注意:显示时需要适当地延时,使得不至于发送数据太快导致看不清显示的数字。

(2) 路灯控制演示系统设计要求

该演示系统由路灯总控制器、终端路灯控制器两部分组成,两部分通过串行通信实现信息交流。路灯总控制器由单片机、蜂鸣器、8位数码管、矩阵式键盘构成;终端路灯控制器就是一片单片系统和一片模拟8路路灯的8路流水灯构成。

要求路灯总控制器的键盘上定义一个开灯键、一个关灯键、一个确认键。

指令的数据格式(2个字节)如图7-1所示。

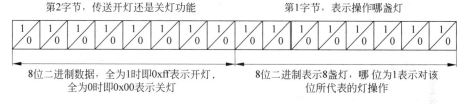

图 7-1 指令的数据格式

举例:

假如被传送的指令数据字节为0xff 0xc0,表示打开第1、2两盏灯;

假如被传送的指令数据字节为0x00 0x0f,表示关闭第5、6、7、8四盏灯。

用户使用方法:

开灯(关灯)+灯编号+确认键

假如要开第1盏灯,操作方法是按一下开灯键,再按1键,最后按确认键。再如,关灯键+1+2+3+确认键,即表示关闭第1、2、3盏灯,同时,数码管上相应的1、2、3位数码管中间的g段亮起来,当终端路灯控制器接收指令后,发回确认信息。

确认信息指令:将主控端发送过来的数据原样发送回主控端。即确认信息与主控制器发出的信息一致。路灯总控制器接收确认信息后在相应数码管显示1或0表示开灯或关灯成功,同时蜂鸣器发出"嘀"的一声。

任务二 制作双单片机串行通信演示系统

要完成双单片机间串行通信的演示需要一套两片单片机及其附属模块,考虑到可以由两位同学相互合作互成对方,因此下面给出的硬件清单只是一方所需的器件。包括一块单片主板、一片2位一体数码管显示电路、一块MAX232通信模块。单片机主板在前文的学习中已完成制作,2位一体数码管显示电路在项目三红外报警器中也已完成,因此在这里我们将只给出制作MAX232通信模块所需的元器件及型号,读者可以照此购买器件并动手学习制作。

一、选择元器件

制作通信模块电路板所需的元器件清单见表7-1。

表 7-1 MAX232 通信模块的元器件清单

序号	名称	型号/参数	数量
1	MAX232		1
2	电容	$0.1\mu F$	4
3			
4			
5			
6			
7			

项目三红外报警器中的显示板 1 块
项目一中所做的单片机最小系统板 1 块

二、设计电路

一般来说，单片机与单片机之间通信，只要将通信双方单片机的 TXD 和 RXD 交叉相连，同时将双方的地线相连，在程序的控制下就可以实现双方的通信了。但，实际上我们会考虑多种情况的兼容性（如单片机可能不仅仅只与单片机通信，还可能与计算机及其他设备相连，还有传输通信距离较远，直接相连不允许等），所以一般不会采取直接相连这种办法，而是采用符合计算机串行通信规范标准 RS-232 标准。

串行通信接口标准经过使用和发展，目前已经有几种，但都是在 RS-232 标准的基础上经过改进而形成的，如 RS-232C。RS-232C 标准是美国 EIA（电子工业联合会）与 BELL 等公司一起开发的、1969 年公布的通信协议。它适合于数据传输速率在 0～20000b/s 范围内的通信。这个标准对串行通信接口的有关问题，如信号线功能、电器特性都做了明确规定。由于通行设备厂商都生产与 RS-232C 制式兼容的通信设备，因此，它作为一种标准，目前已在微机通信接口中广泛采用。RS-232C 规定发送数据线 TXD 和接收数据线 RXD 均采用 EIA 电平，即传送数字"1"时，传输线上电平为 $-3\sim-15V$；传送数字"0"时，传输线上电平为 $+3\sim+15V$。而我们的单片机或是其他数字电路采用的 TTL 电平，即规定输出高电平 $>2.4V$，输出低电平 $<0.4V$。因此，为了能够同 TTL 器件连接，必须在 EIA RS-232C 与 TTL 电路之间进行电平和逻辑关系的变换。实现这种变换的方法可用分立元件，也可用集成电路芯片。目前较为广泛地使用集成电路转换器件，如 MAX232 芯片可完成 TTL ←→ EIA 双向电平转换。

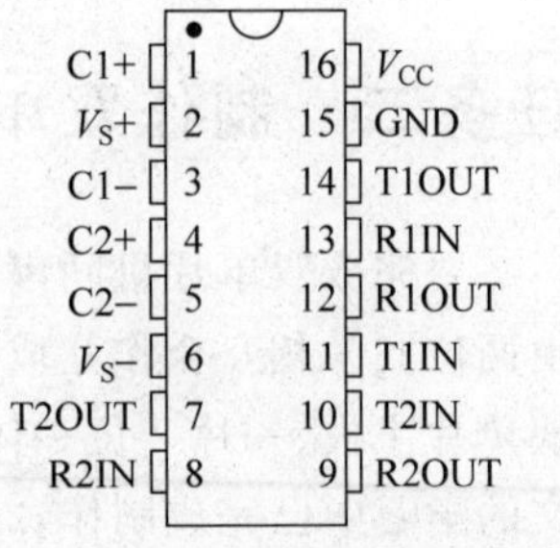

MAX232 芯片的管脚图如图 7-2 所示。

MAX232 芯片的内部有两套独立的电平转换电路，7～10 四脚为一套，11～14 四脚为另外一套。

图 7-2 MAX232 芯片管脚图

MAX232 芯片内置了电压倍增电路及负电源电路，使用单 +5V 电源工作，只需外接 4 个容量为 $0.1\sim1\mu F$ 的小电容即可完成两路 RS-232 与 TTL 电平之间的转换。MAX232 的典型应用电路如图 7-3 所示。

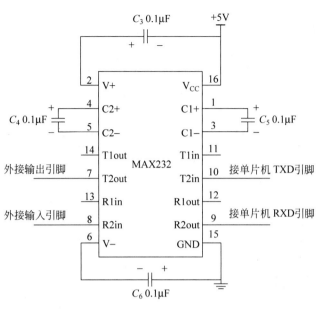

图 7-3　MAX232 通信模块应用电路

图 7-4 所示为 2 位一体数码管的显示电路，该电路在红外报警项目中制作过，详细内容可参考前文项目三。

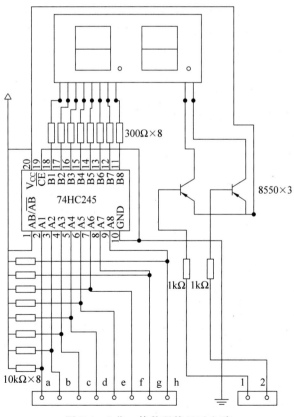

图 7-4　2 位一体数码管显示电路

图 7-5 所示为通信模块、单片机主板、数码管显示电路线路连接图。

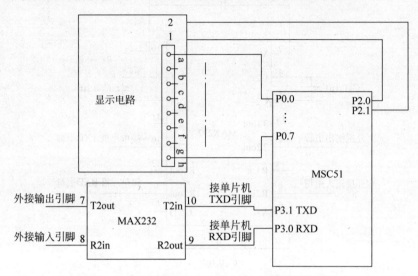

图 7-5　通信模块、主板电路、显示电路线路连接图

图 7-5 中 P3.0 脚是单片机的 RXD 脚,它是串行通信中单片机从外往里读数据脚,在连接图中需要接通信模块的第 9 脚;P3.1 脚是单片机的 TXD 脚,它是串行通信中单片机向外发送数据脚,在连接图中需要接通信模块的第 10 脚;数码管显示电路在图 7-5 中是简化图,它的 8 只段选脚连接单片机的 P0 端口,注意连接顺序 P0.0 对 a 脚,其他依次连接,数码管 2 只位选脚连接单片机的 P2.0、P2.1 脚,连接顺序 P2.0 对 1 脚,P2.1 对 2 脚。

双机通信需要两台单片机才能实现,图 7-5 是一方单片机的连接线路图,另一方单片机线路图与此相同。当两片单片机需要连接作通信实验时,只需把两片单片机的通信模块相应线路连接即可,通信模块的连接如图 7-6 所示。

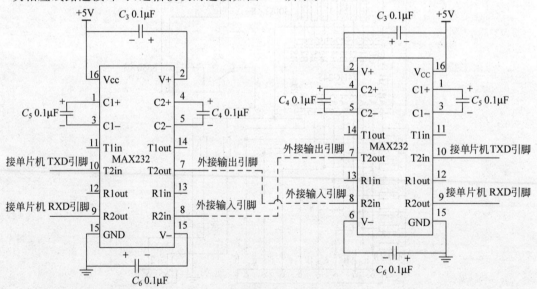

图 7-6　双机的通信模块连线图

图 7-6 中省略了单片机主板图,只显示了通信模块的交叉连接。

三、编写串行通信程序

单片机串行通信的程序编写核心是熟练设置串行口通信有关寄存器值,计算出通信波特率及单片机的收发数据相关机制,详细程序代码如下。

```c
#include<AT89X51.h>
#define uint unsigned int
#define uchar unsigned char
uchar code led[10]={0x3f,0x06,0x5b,0x4f,0x66,0x6d,0x7d,0x07,0x7f,0x6f};
uchar num;
/**************************************************************/
//函数名: delay(uint x)
//功能: 延时程序
//调用函数:
//输入参数: x
//输出参数:
//说明: 程序的延时时间为 x 乘以 0.5ms
/**************************************************************/
void delay(uchar x)
{
    uchar y,z;
    for(y=x;y>0;y--)
        for(z=250;z>0;z--);        //该步运行时间约为 0.5ms
}
/**************************************************************/
//函数名: display(uchar num)
//功能: 2 位数码管显示
//调用函数: delay(uint x)
//输入参数: num
//输出参数:
//说明: P0 口做数码管段选,P2 口做位选
/**************************************************************/
void display(uchar num)
{
    P2_0=0;                    //开十位位选口
    P0=~led[num/10];           //P0 口输入段选数据
    delay(5);                  //延时 2.5sm
    P2_0=1;                    //关十位位选口
    P2_1=0;                    //开个位位选口
    P0=~led[num%10];           //P0 口输入段选数据
    delay(5);                  //延时 2.5sm
    P2_1=1;                    //关个位位选口
}
```

```c
/*****************************************************************/
//函数名: TAKE_SBUF(uchar dat)
//功能: 串数据发送程序
//调用函数: 无
//输入参数: dat
//输出参数:
//说明: dat 为要发送的八位串口通信数据
/*****************************************************************/
void TAKE_SBUF(uchar dat)
{
    ES=0;                         //关串口中断
    SBUF=dat;                     //将要发送的数据存入 SBUF 寄存器中
    while(~TI);                   //等待发送结束
    TI=0;                         //发送中断标志位置 0
    ES=1;                         //开串口中断
}
void main()
{
    SCON=0X90;                    //设置串口通信为方式 2
    EA=1;                         //开总中断
    ES=1;                         //开串口中断
    P2=0xff;                      //数码管位选口初始化
    num=0;                        //显示值初始化
    TAKE_SBUF(num+1);             //串口发送数据(num+1)
    while(1)
    {
        ...
    }                             //未收到串口数据时,数码管不做显示
}
/*****************************************************************/
//函数名: intorupt() interrupt 4
//功能: 串口中断响应程序
//调用函数: display(uchar num)
//输入参数:
//输出参数:
//说明: 显示接收到的串口数据,将数据加 1 后通过串口发送
/*****************************************************************/
void intorupt () interrupt 4
{
    uchar i;
    num=SBUF;                     //从 SBUF 寄存器中读取数据
    if(num>99)
    num=0;                        //限定 num 值范围为 0~99
    for(i=100;i>0;i--)
        display(num);             //显示收到的串口数据
    TAKE_SBUF(num+1);             //将 num 值加 1 后通过串口发送
    RI=0;                         //接收中断标志位置 0
}
```

四、仿真程序

程序编写好,在 Keil 编译环境编译通过后,为了验证程序的正确性,一般我们会先在 Proteus 中进行仿真运行,仿真步骤如下:

① 启动 Proteus 仿真软件。

② 列出本次仿真中需要用到的元器件,见表 7-2。

表 7-2 双机通信仿真需要用到的元器件

元件名称	所属类	所属子类
AT89C51	Microprocessor ICs	8051 Family
7SEG-MPX-CA	Optoelectronics	7-Segment-DisPlays
4009	CMOS 4000 series	Buffers & Drivers
Button	Switches & Relays	Switches

③ 调用仿真元器件的方法是选择菜单"Library"——"Pick Device/Simboly"命令,然后在关键词框输入元器件名称。

在绘制仿真图时,为了简化线路,我们使用一种"标签"法省略导线。例如,在图 7-7 中左边 2 位数码管有 8 只管脚要与图中左边单片机 P0 端口 8 只引脚相连,为了省去这 8 根连接导线,我们使用标签法。

操作方法:首先把引脚连接处电线拉长,然后选用工具栏上的 ▣ 标签工具;鼠标移到电线处单击,就会弹出标签设置框,如图 7-8 所示,在红色画线处输入定义的名字,再单击"OK"按钮就可以;再用同样的方法在电线另一端,即单片机 P0 端口的 0 脚处设置,并定义成同一名字,如此两处同为 a 名字的两端即相当于用导线直接相连。

本次仿真图中 2 个数码管的管脚,2 片单片机的 P2.0、P2.1 引脚及单片机 P3.0-RXD 引脚都使用此标签法。

需要注意的是本次仿真我们做了部分简化。

(1) 通信模块在仿真图中做了简化处理

由图 7-4 可以看出,单片机的 RXD 引脚直接与另一单片机 TXD 引脚相连,而省略了 MAX232 芯片电平、逻辑转换,目的是在遵循串行通信前提下简化仿真图。

(2) P2.0、P2.1 引脚到数码管的位选脚做了简化处理

在实际电路中,我们使用的是 2 位一体的共阳数码管,单片机输出引脚控制 PNP 三极管作为导通开关连接电源至数码管的管脚处,如图 7-5 所示电路。在仿真图中,我们使用一个 4009 反相器替代了 PNP 三极管,通过该反相器 P2.0、P2.1 引脚直接连到数码管的管脚。

五、制作电路板

依据图 7-4 和图 7-5 所焊制的电路板如图 7-9 和图 7-10 所示。

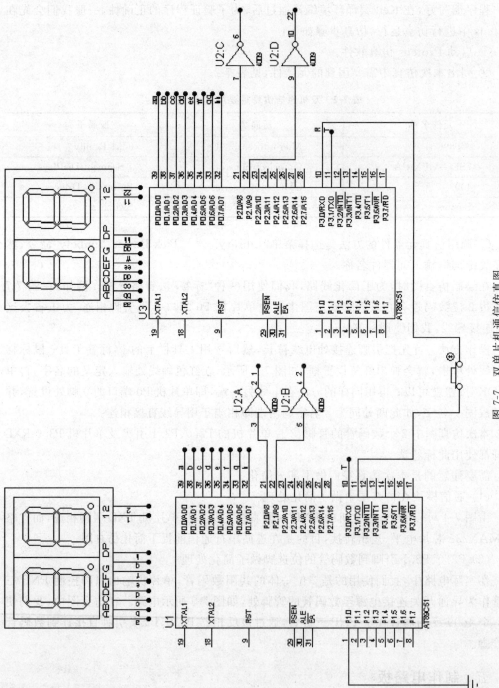

图 7-7 双单片机通信仿真图

图 7-8　设置导线标签

图 7-9　2 位数码管显示实物图

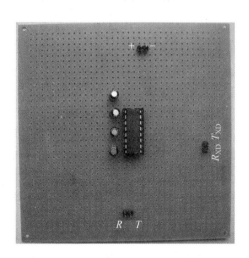

图 7-10　MAX232 电路实物图

六、串行通信知识及程序解析

MCS-51 单片机内部有一个可编程的全双工串行通信电路。通过引脚 RXD(P3.0 串行数据接收端)和引脚 TXD(P3.1 串行数据发送端)与外界通信。通信电路中有一个 SBUF 串行口缓冲寄存器,它既是发送寄存器也是接收寄存器,发送与接收数据就是通过该寄存器实现的。

通信编程的关键是对寄存器的一些设置,在编程中需要用到如下几个寄存器。

1. 数据缓冲寄存器 SBUF

当需要发送数据时,只要把被发送的数据写入该寄存器,当需要接收数据时,只需从此寄存器读取数据,操作非常简单方便。

2. 串行口控制与状态寄存器 SCON

SCON 用于定义串行口的工作方式及实施接收和发送控制,其各位定义见表 7-3。

表 7-3　SCON 寄存器中断请求相关位

SCON 位	D7	D6	D5	D4	D3	D2	D1	D0
位名称	SM0	SM1	SM2	REN	TB8	RB8	TI	RI
功能	选择工作方式		多机通信控制位	串行接收允许位	待发送的第9位数据	接收到的第9位数据	串行口发送中断标志	串行口接收中断标志

SM0、SM1 两位共同作用决定串行口的工作方式，其定义见表 7-4。

表 7-4　SM0、SM1 共同控制串行口工作方式（f_{osc} 是晶振频率）

SM0	SM1	工作方式	功能描述	波特率
0	0	方式 0	8 位同步移位寄存器（用于扩展 I/O 口）	$f_{osc}/12$
0	1	方式 1	10 位异步串行通信方式	由定时器 T1 控制
1	0	方式 2	11 位异步串行通信方式	$f_{osc}/32$ 或 $f_{osc}/64$
1	1	方式 3	11 位异步串行通信方式	由定时器 T1 控制

SM2：多机通信控制位。在方式 0 时，SM2 一定要置 0。在方式 1 中，当 SM2＝1 时，则只有接收到有效停止位时，RI 才置 1。在方式 2 或方式 3 中，当 SM2＝1 且接收到第 9 位数据 RB8＝1 时，RI 才置 1；当 SM2＝0 时，接收到数据 RI 就置位。在本任务中，由于不涉及多机通信，所以此位都是设置为 0。

REN：接收允许位，由软件置位以允许接收，又由软件清零来禁止接收。

TB8：在方式 2 或方式 3 中，为要发送的第 9 位数据，根据需要由软件置 1 或清零；在多机通信中作为区别地址帧或数据帧的标志位。

RB8：接收到数据的第 9 位，在方式 0 中不使用；在方式 1 中，若 SM2＝0，RB8 为接收到的停止位；在方式 2 或方式 3 中，RB8 为接收到的第 9 位数据。

TI：当通过串行口向外成功发送一个数据后，TI 位就会被置 1，同时向 CPU 申请中断。

RI：当通过串行口成功接收一个数据后，RI 位就会被置 1，同时向 CPU 申请中断。

3. 特殊功能寄存器 PCON

PCON 寄存器是为了在 MCS-51 单片机上实现电源控制而设置的，其中最高位是 SMOD 位，与串行口的波特率设置有关。当 SMOD＝1 时波特率提高一倍，当 SMOD＝0 时波特率恢复正常设置。

通过设置该寄存器上相关位可以使 51 单片机进入待机工作方式或是掉电工作方式，以达到减小功耗的目的。在本任务中我们没有用到该功能，如果需要掌握这方面知识，可以参考相关书籍。

4. 串行口工作方式选择

MCS-51 单片机全双工串行口具有 4 种工作方式，可通过软件编程选择。

方式 0：为移位寄存器输入/输出方式，主要用于扩展 I/O。配合适当芯片（74HC164 或 74HC165）实现串行输出变并行输出，并行输入变串行输入。

方式 1：为波特率由 T1 控制的 10 位异步通信方式，即一帧信息包括 1 个起始位 0，8 个数据位和 1 个停止位 1。发送过程：当 CPU 执行一条指令将数据写入发送缓冲器 SBUF 时，就启动发送，串行数据从 TXD 引脚输出，发送完一帧信息后，就由硬件置 TI 为 1。接收数据过程：在 REN＝1 下，串行口采样 RXD 引脚，当采样到 1～0 的跳变时，确认开始位 0，就开始接收数据。只有当 RI＝0 且停止位为 1 或者 SM2＝0 时，停止位才进入接收寄存器，并由硬件置位中断标志 RI，否则信息丢失。所以在方式 1 接收时，应先用软件清零 RI 和 SM2 标志。

方式 2：为固定波特率的 11 位异步通信方式，它比方式 1 增加了 1 位可程控为 1 或 0 的第 9 位数据。一般来说，多出的这第 9 位数据用于多机通信中。数据发送过程：发送的数据由 TXD 端输出 11 位，当 CPU 执行一条数据写入 SBUF 的指令时，就启动发送器发送，发送完成后，置位中断标志 TI。数据接收过程：当 REN＝1 时，在接收到第 9 位数据后，当 RI＝0 或者 SM2＝0 时，由硬件置位中断标志 RI；当 RI＝0 且 SM2＝1 且第 9 位数据也为 1，硬件也置位中断标志 RI；否则信息丢失且不会置位中断标志 RI。

方式 3：为波特率由 T1 控制的 11 位异步通信方式，与方式 2 相比除波特率外，其他都一样。

总结：方式 0 通常用于扩展 I/O，实现串行与并行的相互转换；方式 1 用于单片机的双机通信中比较常见；方式 2 和方式 3 由于多了第 9 位可以实现多机通信，经常在主从单片机系统中得到应用。

5. 波特率选择

在串行通信中，收发双方的数据传输速度要有一定约定，不然双方速度不一样就会导致收到乱码的数据。

方式 0 的波特率是固定的主振频率的 1/12。

方式 2 的波特率由 PCON 中的选择位 SMOD 来决定，其计算公式如下：

$$波特率 = (2^{SMOD}/64) \times f_{osc}$$

方式 1 和方式 3 的波特率也受 PCON 中的选择位 SMOD 影响，其计算公式如下：

$$波特率 = (2^{SMOD}/32) \times 定时器 T1 溢出率$$

因为：定时器 T1 溢出率＝1/定时器 T1 定时时间

又因为：定时器 T1 定时时间＝$(2^x - 初始值) \times$ 机器周期

又因为：机器周期＝$12/f_{osc}$

所以，定时器 T1 溢出率＝$f_{osc}/12(2^x - 初始值)$

所以：波特率＝$(2^{SMOD}/32) \times f_{osc}/12(2^x - 初始值)$

x 值与定时器 T1 的工作方式有关，x 值与定时器的工作方式对应关系见表 7-5。

表 7-5　x 值与工作方式对应表

定时器工作方式	x 的值
方式 0	13
方式 1	16
方式 2	8

因为方式 2 为自动重装初始值的 8 位计数器模式，所以该方式用于波特率发生器是最合适的。

6. 程序解析

程序的主程序流程框图、中断函数流程框图如图 7-11 所示。

先解析主函数。

```
1    void main()
2    {
3        SCON=0X90;              //设置串口通信为方式 2
4        EA=1;                   //开总中断
5        ES=1;                   //开串口中断
6        P2=0xff;                //数码管位选口初始化
7        num=0;                  //显示值初始化
8        TAKE_SBUF(num+1);       //串口发送数据(num+1)
```

```
9       while(1)
10      {
        ...
11      }                           //未收到串口数据时,数码管不做显示
12  }
```

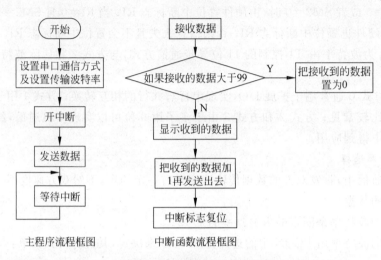

图 7-11 双机通信程序流程框图

第 3 行语句是设置串口工作方式及设置串行通信波特率的,SCON=0x90。由前文介绍的串行通信知识可知,串行通信工作方式有方式 0、方式 1、方式 2、方式 3 四种,在本程序中我们选择的是方式 2,它是固定波特率的 11 位异步通信方式,且允许串行接收,波特率由前文可知为:

$$波特率 = \frac{f_{osc}(2^{SMOD}/32)}{12(2^x - 初始值)}$$

因为我们没有设置过 SMOD 值,所以其值为默认值 0,则波特率=12M/64b/s=187500b/s。

第 4 行语句开总中断,第 5 行开串行中断。由中断应用知识可知,用串行口通信中断需打开总中断开关及串行中断开关。

第 6 行语句的作用是关闭数码管显示,由于我们选用的数码管是共阳数码管,又参考硬件电路可知,P2 口赋 0xFF 值即表示关闭数码管显示。

第 7 行语句赋被发送的初始值。

第 8 行语句,调用发送数据函数 TAKE_SBUF(uchar dat)完成发送 num+1 这个数据。

第 10、11 行语句实现空循环,等待接收数据并执行中断服务函数。

下面分析 TAKE_SBUF(uchar dat)函数。

```
1   void TAKE_SBUF(uchar dat)
2   {
3       ES=0;                       //关串口中断
4       SBUF=dat;                   //将要发送的数据存入 SBUF 寄存器中
5       while(~TI);                 //等待发送结束
```

```
6        TI=0;                    //发送中断标志位置 0
7        ES=1;                    //开串口中断
8    }
```

该函数第 3 行,关串行口中断。该语句作用很重要,因为在发送数据时,当一个字节数据被成功发送后,会自动置位 TI 标志位,如果串行口中断被打开,则单片机会自动调用中断服务函数,而在发送数据过程中,并不需要单片机去执行中断函数,所以暂时关掉它。

第 4 行语句,把数据发送出去。把 dat 值送到 SBUF 寄存器即可完成数据发送。

第 5 行语句,验证数据是否成功发送,如果还没发送成功,则 CPU 进行空循环等待硬件把数据发送完毕。

第 6 行语句,清零发送中断标志位。因为数据发送成功后,该标志位会被自动置 1,把它清零以免影响误中断。

第 7 行语句,打开刚才被关闭的串行口中断,等待接收数据。

下面分析中断服务函数 intorupt()。

```
1    void intorupt() interrupt 4
2    {
3        uchar i;
4        num=SBUF;                //从 SBUF 寄存器中读取数据
5        if(num>99)
6        num=0;                   //限定 num 值范围为 0~99
7        for(i=100;i>0;i--)
8        display(num);            //显示收到的串口数据
9        TAKE_SBUF(num+1);        //将 num 值加 1 后通过串口发送
10       RI=0;                    //接收中断标志位置 0
11   }
```

第 1 行语句中的中断号 4 表示该中断函数是串行口中断的服务函数。

第 4 行语句表示从串行口寄存器 SBUF 中取得所接收的数据。

第 5、6 行语句验证数据是否在 99 以内,如果超过 99 了,把接收的数据变为 0;如果没超过,则对接收到的数据不作任何处理。

第 7、8 行语句,表示调用显示函数 display(uchar num)在数码管上显示被接收到的数据。难以理解的可能是为什么这里用了一个 for 循环语句。道理很简单,因为单片机执行速度相对来讲还是很快的,如果仅仅执行一遍显示函数,我们人眼还没反应过来就可能又显示第 2 个数据了,导致看不清,所以这里用一个 for 循环语句执行多遍,目的就是为了让我们看清楚数据,至于是执行 100 次循环还是 50 次还是其他就看具体试验结果了,这里我们选择了 100 次。

第 9 行语句,调用数据发送函数把接收到的值进行加 1 后发送回去,以实现两片单片机之间相互接收数据、相互发送数据。

第 10 行语句,清零接收中断标志位。当下次数据再被接收到时,该位又会被自动置 1。

下面分析显示函数 display(uchar num)。

```
1    void display(uchar num)
2    {
```

```
3      P2_0=0;                //开十位位选口
4      P0=~led[num/10];       //P0 口输入段选数据
5      delay(5);              //延时 2.5ms
6      P2_0=1;                //关十位位选口
7      P2_1=0;                //开个位位选口
8      P0=~led[num%10];       //P0 口输入段选数据
9      delay(5);              //延时 2.5ms
10     P2_1=1;                //关个位位选口
11   }
```

该函数中,num 变量保存的是需要被显示一个整数。

第 3 行语句,结合硬件电路可知,P2 端口 0 脚置低电平目的是点亮数码管的十位管。

第 4 行语句,num/10 得到 num 变量的十位数字,结合 led 数组的值可知,该语句的作用是取得该位数的数码显示值,前边加上取反符号~,是因为我们选用的数码管是共阳数码管,而 led 数组中保存的是共阴数码管的数码值。

第 5 行,调用延时函数延时约 2.5ms 时间。

第 6~10 行语句作用也是显而易见的,这里不再详述。

任务三 制作路灯控制演示系统

路灯控制演示系统由路灯总控制器、终端路灯控制器两部分组成,两部分通过串行通信实现信息交流。路灯总控制器由单片机、蜂鸣器、8 位数码管、矩阵式键盘构成;终端路灯控制器由一片单片系统和一片模拟 8 路路灯的 8 路流水灯构成。

要求路灯总控制器的键盘上定义一个开灯键、一个关灯键、一个确认键。

路灯控制指令的数据格式(2 个字节)如图 7-12 所示。

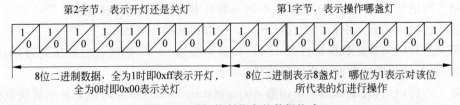

图 7-12 路灯控制指令的数据格式

举例:

假如被传送的指令数据字节为 0xff0xc0,表示打开第 1、2 两盏灯。

假如被传送的指令数据字节为 0x000x0f,表示关闭第 5、6、7、8 四盏灯。

用户使用方法:

开灯(关灯)+灯编号+确认键

假如要开第 1 盏灯,操作方法是按一下开灯键,再按 1 键,最后按确认键。再如,关灯键+1+2+3+确认键,即表示关闭第 1、2、3 盏灯,同时,数码管上相应的 1、2、3 位数码管中间的 g 段亮起来,当终端路灯控制器接收指令后,发回确认信息。

确认信息指令:将主控端发送过来的数据原样发送回主控端,即确认信息与主控制器发出的信息一致。路灯总控制器接收确认信息后在相应数码管显示 1 或 0 表示开灯或关灯成功,同时蜂鸣器发出"嘀"的一声。

一、选择电子元器件

上述列出的电子器件大多在前面几个项目中用过,如矩阵式键盘、8 位数码管显示模块、8 路流水灯等,如果已经具备此类模块拿来用就可以了。

二、设计硬件电路

路灯控制演示系统相关各部电路图如图 7-13 所示。

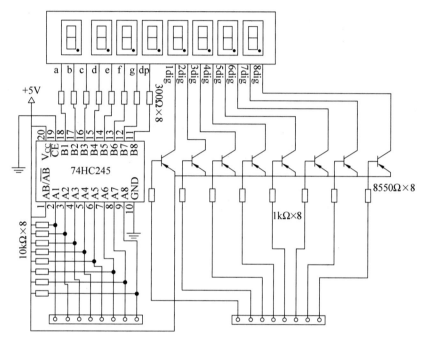

(a) 数码显示电路

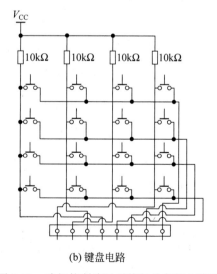

(b) 键盘电路

图 7-13 路灯控制演示系统相关各部电路图

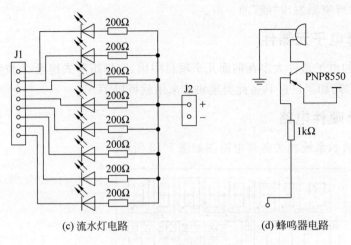

(c) 流水灯电路 (d) 蜂鸣器电路

图 7-13（续）

图 7-14 是路灯控制演示系统的主控制端连线图，当有了各个子电路板后，就可以参照此连线图组装完成路灯控制演示系统的主控端。

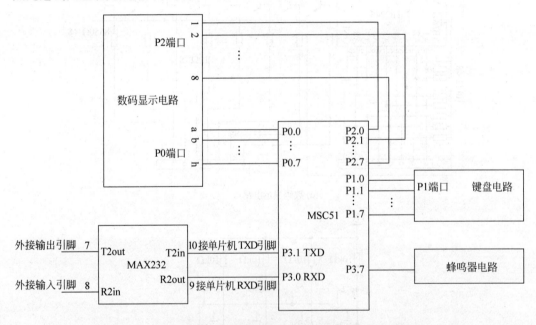

图 7-14　路灯主控制器整体连接图

它的功能是接收用户从键盘输入的指令，并在显示电路上显示出接收的指令，同时把指令通过 MAX232 发送到终端路灯控制器。当接收到从终端路灯控制器返回的确认信息后，驱动蜂鸣器发声，并在数码显示电路上显示控制成功的信息。

图 7-15 是终端路灯控制器连线图，它的功能是接收主控端发送过来的指令，然后根据指令控制流水灯的亮灭（模拟路灯的亮灭），然后把确认信息通过 MAX232 芯片返回给路灯控制演示系统的主控端。

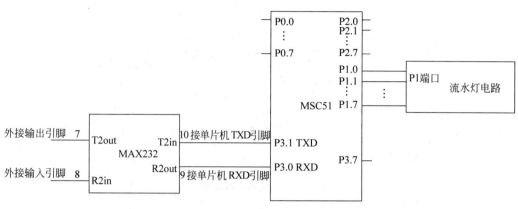

图 7-15 终端路灯控制器连接图

需要注意的是,主控端与终端控制器是通过双方的MAX232芯片相连形成一个完整模拟系统的,而且双方芯片的 7、8 两脚要交叉连接,即主控端的 MAX232 的 7 脚连接终端 MAX232 的 8 脚,主控端的 MAX232 的 8 脚连接终端 MAX232 的 7 脚。

三、编写程序

(1) 路灯主控制器端的程序流程框图如图 7-16 所示。
完整的程序代码如下:

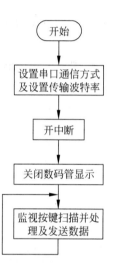

图 7-16 路灯主控制器端
　　　　主程序流程框图

```
#include<AT89X51.h>
#define uint unsigned int
#define uchar unsigned char
uchar key,key_num,sbuf_out,led_sta;   //键盘初值,键盘按键值,发
                                      //送对象值,发送动作值
uchar countm,buf[2];
/*************************************************************/
//函数名:delay(uint x)
//功能:延时程序
//调用函数:
//输入参数:x
//输出参数:
//说明:程序的延时时间为 x 乘以 0.2ms
/*************************************************************/
void delay(uchar x)
{
    uchar y,z;
    for(y=x;y>0;y--)
        for(z=100;z>0;z--);       //该步运行时间约为 0.2ms
}
/*************************************************************/
//函数名:keyscan()
//功能:得出 4×4 键盘的行列扫描值
//调用函数:delay_1ms(uint x)
```

```c
//输入参数:
//输出参数:
//说明:通过 P1 口的扫描得出扫描值 key,无键按下 key 为 0
/**************************************************************/
uchar keyscan()
{
    uchar code_h;                        //行编码
    uchar code_l;                        //列编码
    P1=0xf0;
    if((P1&0XF0)!=0XF0)
    {
        delay(5);                        //调用定时函数
        if((P1&0XF0)!=0xf0)
        {

            code_h=0xfe;
            while((code_h&0x10)!=0x00)
            {
                P1=code_h;
                if((P1&0xF0)!=0XF0)
                {
                    code_l=(P1&0XF0|0x0F);
                    return((~code_h)+(~code_l));
                }
                else
                    code_h=(code_h<<1)|0x01;
            }
        }
    }
    return(0);                           //无键按下返回 0
}
/**************************************************************/
//函数名: keynum()
//功能:得出 4×4 按键的键值
//调用函数: keyscan()
//输入参数:
//输出参数:
//说明:通过 key 的值确定按键键值
/**************************************************************/
void keynum()
{
    uchar i,j;
    uchar code tab[4][4]={{1,2,3,4},{5,6,7,8},{9,10,11,12},{13,14,15,16}};
    //4×4 键盘各键值标注
    key=0;
        key=keyscan();                   //引入 key 值
        if((key&0x01)!=0) i=0;
        if((key&0x02)!=0) i=1;
        if((key&0x04)!=0) i=2;
        if((key&0x08)!=0) i=3;
        if((key&0x10)!=0) j=0;
        if((key&0x20)!=0) j=1;
        if((key&0x40)!=0) j=2;
```

```
            if((key&0x80)!=0) j=3;
            if(key!=0) key_num=tab[i][j];    //通过比较得出4×4键盘的键值
}
/******************************************************/
//函数名:TAKE_SBUF(uchar dat)
//功能:串数据发送程序
//调用函数:无
//输入参数:dat
//输出参数:
//说明:dat 为要发送的 8 位二进制数据
/******************************************************/
void TAKE_SBUF(uchar dat)
{
    ES=0;                          //关串口中断
    SBUF=dat;                      //将要发送的数据存入 SBUF 寄存器中
    while(~TI);                    //等待发送结束
    TI=0;                          //发送中断标志位置 0
    ES=1;                          //开串口中断
}
/******************************************************/
//函数名:keyplay()
//功能:4×4 键盘程序
//调用函数:keynum();delay(uint x)
//输入参数:
//输出参数:
//说明:键盘操作设置
/******************************************************/
void keyplay()
{
    bit take_key;                  //功能键开关标志位
    keynum();                      //调用按键扫描程序
    if(key_num==13)                //在 13 键按下时
    {
        take_key=1;
        sbuf_out=0x00;
        led_sta=0xff;
        P2=0xff;
        P0=0xbf;                   //输出数据初始化
    }
    if(key_num==14)                //在 14 键按下时
    {
        take_key=1;
        sbuf_out=0x00;
        led_sta=0x00;
        P2=0xff;
        P0=0xbf;                   //输出数据初始化
    }
    while(take_key)                //进入串口发送数据编辑
    {
        keynum();
        while(key!=0)              //键盘松手检测
        keynum();
        if(key_num<9)              //判断键值是否为 1~8 数字键
```

```c
        {
            sbuf_out=sbuf_out|(0x80>>(key_num-1));
            key_num=17;
            P2=~sbuf_out;                //对操作led对象编辑并显示
        }
        if(key_num==15)                  //在15键按下时
        {
            TAKE_SBUF(sbuf_out);         //串口发送对象值
            key_num=17;                  //键值清零
            take_key=0;                  //开关标志位置0
            delay(250);                  //延时
            TAKE_SBUF(led_sta);          //发送动作值
        }
    }
}
void main()
{
    SCON=0X90;                           //设置串口通信为方式2
    EA=1;                                //开总中断
    ES=1;                                //开串口中断
    P2=0xff;                             //数码管位选口初始化
    while(1)
    {
        keyplay();                       //按键扫描
    }
}
/*******************************************************************/
//函数名：ser() interrupt 4
//功能：串口中断响应程序
//调用函数：
//输入参数：
//输出参数：
//说明：接收下位机发送的校验数据并进行校验,用数码管显示结果
/*******************************************************************/

void setled() interrupt 4
{
    buf[countm]=SBUF;
    countm++;
    if(countm>1)
    {
        countm=0;
        if(buf[0]==sbuf_out)
        {
            if(buf[1]==led_sta)//接收到的数据与原先发送出去的数据一样
            {
                if(buf[1]==0xff)
                    P0=0xf9;             //动作为"开灯",数码管显示1表示开灯成功
                if(buf[1]==0x00)
                    P0=0xc0;             //动作为"关灯",数码管显示0表示关灯成功
                P3_7=0;
                delay(250);
                P3_7=1;                  //蜂鸣器短暂鸣叫
```

```
            }
        }
    }
    RI=0;                              //接收中断标志位置 0
}
```

(2) 终端路灯控制器的主程序流程框图、中断服务函数流程框图如图 7-17 所示。

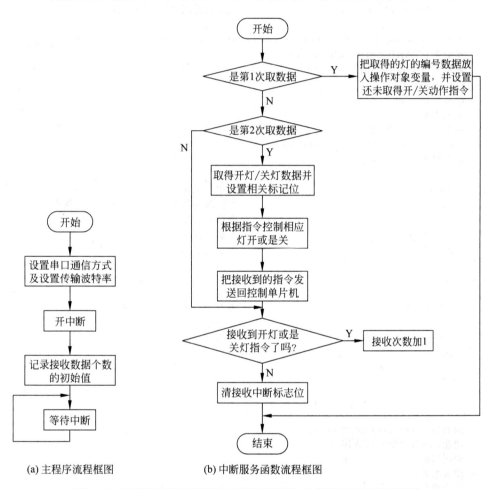

(a) 主程序流程框图　　(b) 中断服务函数流程框图

图 7-17　终端路灯控制器的主程序流程框图、中断服务函数流程框图

终端路灯控制器的程序源代码如下：

```
#include<AT89X51.h>
#define uint unsigned int
#define uchar unsigned char
uchar countm,buf[2];
//**************************************************************/
//函数名: delay(uint x)
//功能: 延时程序
//调用函数:
```

```c
//输入参数:x
//输出参数:
//说明:程序的延时时间为 x 乘以 0.2ms
/**************************************************/
void delay(uchar x)
{
    uchar y,z;
    for(y=x;y>0;y--)
        for(z=110;z>0;z--);         //该步运行时间约为 0.2ms
}
/**************************************************/
//函数名:TAKE_SBUF(uchar dat)
//功能:串数据发送程序
//调用函数:无
//输入参数:dat
//输出参数:
//说明:dat 为要发送的 8 位二进制数据
/**************************************************/
void TAKE_SBUF(uchar dat)
{
    ES=0;                           //关串口中断
    SBUF=dat;                       //将要发送的数据存入 SBUF 寄存器中
    while(~TI);                     //等待发送结束
    TI=0;                           //发送中断标志位置 0
    ES=1;                           //开串口中断
}
void main()
{
    SCON=0X90;                      //设置串口通信为方式 2
    EA=1;                           //开总中断
    ES=1;                           //开串口中断
    P1=0;
    while(1)
    {}
}
/**************************************************/
//函数名:intorupt() interrupt 4
//功能:串口中断响应程序
//调用函数:
//输入参数:
//输出参数:
//说明:
/**************************************************/
/* void ser() interrupt 4
{
    if(i==0)                        //第一次串口数据接收
    {
        led=SBUF;                   //读取 led 操作对象数据
        ii=0;
    }
    if(i==1)                        //第二次串口数据接收
    {
        led_check=SBUF;             //读取 led 操作动作数据
```

```
            ii=1;
            i=0;
            if(led_check==0xff)
                P1=P1|led;                    //对上位机指定的 led 操作对象进行开灯动作
            if(led_check==0x00)
                P1=P1&(~led);                 //对上位机指定的 led 操作对象进行关灯动作
            TAKE_SBUF(led);                   //发送对象校验数据
            delay(50);                        //延时
            TAKE_SBUF(led_check);             //发送动作校验数据
        }
        if(ii==0)
            i++;
        RI=0;                                 //接收中断标志位置 0
} * /
void ser() interrupt 4
{
    buf[countm]=SBUF;
    countm++;
    if(countm>1)
    {
        countm=0;
        if(buf[1]==0xff)
            P1=P1|buf[0];                     //对上位机指定的 led 操作对象进行开灯动作
        if(buf[1]==0x00)
            P1=P1&(~buf[0]);                  //对上位机指定的 led 操作对象进行关灯动作
        TAKE_SBUF(buf[0]);                    //发送对象校验数据
        delay(50);                            //延时
        TAKE_SBUF(buf[1]);                    //发送动作校验数据

    }
    RI=0;                                     //接收中断标志位置 0
}
```

四、仿真程序

根据已有电路硬件图及程序代码,我们可以在 Proteus 仿真软件中进行虚拟仿真了。本次仿真中需要用到的元器件有:

① 8 位数码管 7SEG-MPX8-CA-BLUE。

② 反相器 4009。

③ AT89C51 单片机芯片。

④ 按键 BUTTON。

⑤ 电阻 RES。

⑥ 发光二极管 LED-RED。

在绘制仿真电路图时使用标签定义电线连接头,省去连接线,减少布局电线的麻烦。本次仿真图(见图 7-18)中有数码管的段连接处①、按键连接处②、串行通信连接处③、发光二极管(模拟电灯)连接处④、数码管的位连接处⑤共 5 处。

我们以数码管的段连接处①为例介绍如何使用标签法定义接头。

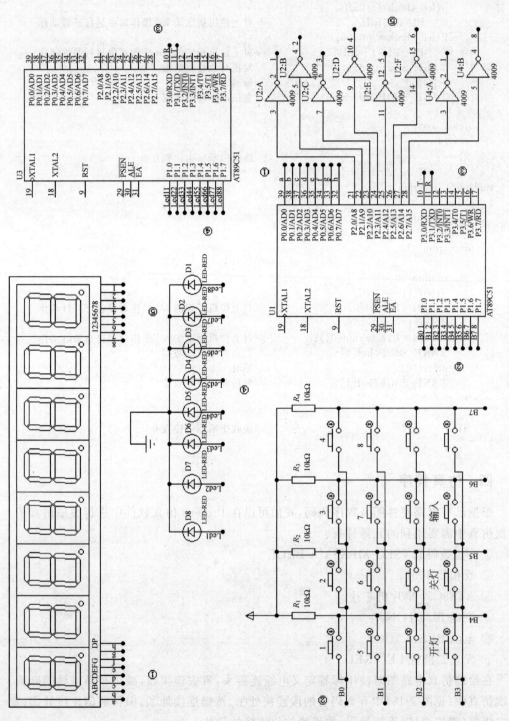

图 7-18 路灯控制演示系统仿真图

操作方法：首先把连接处电线拉长，见图 7-18 中的两处①所示，然后选用工具栏上的 LBL 标签工具；鼠标移到电线处单击，就会弹出标签设置框，如图 7-19 所示，在红色画线处输入定义的名字，单击"OK"按钮；再用同样的方法在电线另一端即单片机 P0 端口的 0 脚处设置，并定义成同一名字，如此两处同为 a 名字的两端即相当于用导线直接相连。

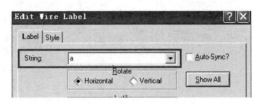

图 7-19　路灯控制演示系统仿真电路标签定义接头

仿真成功结果如图 7-20 所示。

五、制作电路板

制作成功的电路板如图 7-21 所示。

六、程序解析

1. 路灯主控制器端程序

```
1    void main()
2    {
3        SCON＝0XD0;              //设置串口通信为方式 3,11 位异步串行通信方式
4        TMOD＝0X20;
5        TH1＝0XFD;
6        TL1＝0XFD;
7        TR1＝1;
8        EA＝1;                   //开总中断
9        ES＝1;                   //开串口中断
10       P2＝0xff;                //数码管位选口初始化
11       while(1)
12       {
13           keyplay();           //按键扫描
14       }
15   }
```

该段程序是主控制器端程序中的主函数，其中的 3、4、5、6、7、8、9 行语句，分别是设置串行通信方式、设置串行通信波特率、打开通信中断等。第 10 行语句，由配合显示硬件电路可知，该语句的作用是关闭位选口的三极管，使得数码管不显示任何信息。

第 11～14 之间语句构成一个循环语句结构，循环体就是一行调用函数 keyplay() 语句，可以这么说，该总控制器程序大部分时间就是执行此循环体。

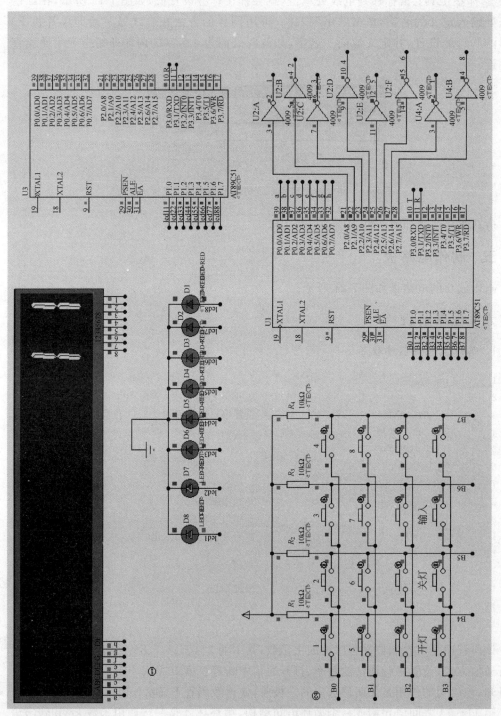

图 7-20 路灯控制演示系统仿真结果图

(a) 数码显示电路实物图

(b) 按键电路实物图

(c) 流水灯实物图

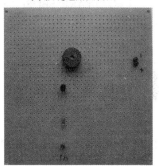
(d) 蜂鸣器实物图

图 7-21　项目的电路实物图

分析 keyplay()函数。

```
1    void keyplay()
2    {
3        bit take_key;              //功能键开关标志位
4        keynum();                  //调用取得按键值程序
5        if(key_num==13)            //在 13 键按下时
6        {
7            take_key=1;
8            sbuf_out=0x00;
9            led_sta=0xff;
10           P2=0xff;
11           P0=0xbf;               //输出数据初始化
12       }
13       if(key_num==14)            //在 14 键按下时
14       {
15           take_key=1;
16           sbuf_out=0x00;
17           led_sta=0x00;
18           P2=0xff;
19           P0=0xbf;               //输出数据初始化
20       }
21       while(take_key)            //进入串口发送数据编辑
22       {
```

```
23          keynum();
24          while(key!=0)              //键盘松手检测
25          keynum();
26          if(key_num<9)              //判断键值是否为1～8数字键
27          {
28              sbuf_out=sbuf_out|(0x80>>(key_num-1));
29              key_num=17;
30              P2=~sbuf_out;          //对操作led对象编辑并显示
31          }
32          if(key_num==15)            //在15键按下时
33          {
34              TAKE_SBUF(sbuf_out);   //串口发送对象值
35              key_num=17;            //键值清零
36              take_key=0;            //开关标志位置0
37              delay(250);            //延时
38              TAKE_SBUF(led_sta);    //发送动作值
39          }
40      }
41  }
```

该函数在本程序中的作用很重要,它调用很多函数,完成了很强大的功能,如按键扫描、按键识别、向串口发送数据等。

第3行语句定义一个是否按下功能键的标志变量 take_key。为1表示按下,为0表示没按下。

第4行是一个调用取得按键值 keynum() 函数,该函数执行后,如果有按键被按下则返回该键值,如果没有键按下则返回0值。

第5～12行语句是一段处理按下"开灯"功能键的代码,依据图7-14可知,"开灯"功能键被定义在键值是13的按键上。第5行是判断 keynum() 函数(其函数名 keynum 也可以被看做是一个变量,保存着函数返回值)的返回值 keynum 值等于13,表示用户按下了"开灯"功能键。

第7行语句设置标志变量 take_key 为1,标记现在有功能键被按下。

第8行设置 sbuf_out 变量初始值,该变量的作用是标记哪些灯被控制,标记的方法是8盏灯用8位二进制位表示,为1的二进制位就是被控制的灯,灯序号为从右往左数。如 sbuf_out 变量值为 01010000 表示第2、4两盏灯被控制。这里初始值设为 0x00 表示没有灯被控制。

第9行语句 led_sta 变量用来标记对灯的控制,值为 0xff 表示是开灯控制,值为 0x00 表示是关灯控制。此处值被设置为 0xff 意味着是开灯控制。

第10、11两行设置数码管显示的初始值,第10行表示通过给 P2 口赋 0xff 值关闭所有位选管的开关三极管,数码管停止显示;第11行的 0xbf 值转化成二进制是 10111111,再配合显示电路图可知,该0值引脚接的刚好是数码管的g脚,可见 0xbf 值目的便是让数码管g管亮,其他管灭。

第13～20行的语句段是处理按下"关灯"功能键的,其处理逻辑与第5～12行的语句段逻辑一样,唯一不同的是由于是关灯控制,所以 led_sta 变量被赋值为 0x00。

第 21~40 行语句段是处理当按下功能键后,程序完成键盘扫描、识别,发送数据等一系列过程的逻辑。

第 23 行语句是调用 keyscan()函数取得键值。

第 24 行语句是一个循环语句,其作用是检测用户是否松开了按键。为什么要加上松手检测语句?因为,如果没有松手检测,按一次按键单片机会误以为按了很多次。

第 25 行语句作用与第 23 行语句是一样的。

第 26~31 行语句是把要操作的灯编号嵌入到 sbuf_out 变量中,sbuf_out=sbuf_out|(0x80>>(key_num-1))语句运用了一点技巧,如要控制第 2、5 两盏灯,通过这条语句 sbuf_out 变量值成了 01001000,用 1 表示被操作的灯。

第 29 行语句把 key_num 值设置成 17,正常情况下不会有键值是 17 的按键,这里故意把 key_num 设置变成一个不存在的值以免该变量值引起不必要的错误。从这个意思上理解,我们完全可以把该值设置成 18、19 或是其他不在 1~16 之间的值。

第 30 行语句,把 sbuf_out 变量值按位取反赋值给 P2,目的是选通相应数码管上的开关三极管以便点亮相应数码管的 g 管。

第 32~39 行语句,表示按下"确认"键后,程序完成发送指令到终端控制器。结合硬件电路图可知,第 15 键被定义成"确认"键。

第 34 行语句调用发送数据函数 TAKE_SBUF(sbuf_out),把 sbuf_out 变量值发送出去。

第 38 行语句把代表对灯控制的数据发送出去。

在分析 keyplay()函数时我们还碰到其他几个函数,如 keynum()函数、keyscan()函数,这些函数在本书的时钟项目中有讲解,因此这里就不再做解释了。TAKE_SBUF()函数是一个发送数据函数。

```
1    void TAKE_SBUF(uchar dat)
2    {
3        ES=0;                    //关串口中断
4        SBUF=dat;                //将要发送的数据存入 SBUF 寄存器中
5        while(~TI);              //等待发送结束
6        TI=0;                    //发送中断标志位置 0
7        SBUF=dat;                //将要发送的数据存入 SBUF 寄存器中
8        while(~TI);              //等待发送结束
9        TI=0;                    //发送中断标志位置 0
10       ES=1;                    //开串口中断
11   }
```

该段函数中,第 3 行语句是关闭串口中断,在使用串口发送数据时,为了不因为其他数据的到来引起发送失败,我们一般在发送数据时,先关掉中断功能,发完后再开启串口中断功能。

第 4 行语句通过把 dat 值交给 SBUF 寄存器完成数据发送。

第 5 行语句查询是否数据发送完毕。如果没有发送完毕则等待发送完成。

第 6 行语句发送完毕后,把标志位清零。

第 7～9 行语句与第 4～6 行语句是一样的,作用是把同一个数据发送两次,因为在实验中我们发现数据发送一次的通信是不稳定的,经过这样处理后通信明显稳定多了。

分析串口中断服务函数 void setled() interrupt 4。

```
void setled() interrupt 4
1    {
2        buf[countm]=SBUF;
3        countm++;
4        if(countm>1)
5        {
6            countm=0;
7            if(buf[0]==sbuf_out)
8            {
9                if(buf[1]==led_sta)//接收到的数据与原先发送出去的数据一样
10               {
11                   if(buf[1]==0xff)
12                       P0=0xf9;          //动作为"开灯",数码管显示 1 表示开灯成功
13                   if(buf[1]==0x00)
14                       P0=0xc0;          //动作为"关灯",数码管显示 0 表示关灯成功
15                   P3_7=0;
16                   delay(250);
17                   P3_7=1;                //蜂鸣器短暂鸣叫
18               }
19           }
20       }
21       RI=0;                              //接收中断标志位置 0
22   }
```

第 2 行语句表示从串口接收一个字节数据,并把它放入 buf 数组;第 3 行语句表示接收到一个字节数据后,数据个数加 1。

第 4～20 行语句表示当接收到 2 个数据后,程序对数据的处理逻辑。

第 6 行语句是接收数据个数记录变量清零。

第 7 行和第 9 行语句通过两条判断语句判断接收到的数据与原先被发送出去的数据是否一致。如果数据一致表示操作成功,如果不一致表示操作不成功。

第 11 行语句的作用是判断是否是开灯指令,如果是则第 12 行语句被执行,执行的效果是数码管显示 1。

第 13 行语句的作用是判断是否是关灯指令,如果是则第 14 行语句被执行,执行的效果是数码管显示 0。

第 15 行语句的作用是打开蜂鸣器;第 16 行语句的作用是延时大约 50ms,表示让蜂鸣器响 50ms 时间;第 17 行语句的作用是关闭蜂鸣器。

2. 终端路灯控制器的程序

终端路灯控制器的程序与主控制器的程序有很多相似的地方,所以有很多函数是一样的;与主控端不同的是,终端不需要主动发送数据,不需要识别键盘等,它只需接收数据,接收到数据后处理数据并发送确认信息给主控制器即可。

```
1    void main()
2    {
3        SCON=0XD0;            //设置串口通信为方式3,11位异步串行通信方式
4        TMOD=0X20;
5        TH1=0XFD;
6        TL1=0XFD;
7        TR1=1;
8        EA=1;                 //开总中断
9        ES=1;                 //开串口中断
10       P1=0;
11       while(1)
12       {…}
13   }
```

以上程序段是主函数,因为需要与主控端通信,因而串口通信方式要设置一样,选取串口通信方式3,11位异步串行通信方式,通信波特率为9600b/s。

第10行语句是给程序中相应变量赋初始值。

第11、12行语句表示程序在等待中断发生。

当中断发生时,程序执行中断服务函数ser()。

```
1    void ser() interrupt 4
2    {
3        buf[countm]=SBUF;
4        countm++;
5        if(countm>1)
6        {
7            countm=0;
8            if(buf[1]==0xff)
9                P1=P1|buf[0];          //对上位机指定的led操作对象进行开灯动作
10           if(buf[1]==0x00)
11               P1=P1&(~buf[0]);       //对上位机指定的led操作对象进行关灯动作
12           TAKE_SBUF(buf[0]);         //向主控单片机返回接收到的第1个数据
13           delay(50);                 //延时
14           TAKE_SBUF(buf[1]);         //向主控单片机返回接收到的第2个数据
15
16       }
17       RI=0;                           //接收中断标志位置0
18   }
```

第3行语句表示从串口接收一个字节数据,并把它放入buf数组;第4行语句表示接收到一个字节数据后,数据个数加1。

第5~18行语句表示当接收到2个数据后,程序对数据的处理逻辑。

第8行语句判断是否是开灯指令,由前文可知,当第2字节即buf[1]中的值是0xff时表示开灯,buf[0]中的值表示了被操作灯(该值被转化成二进制值后为1的位即是操作的灯),P1端口控制的是8盏灯(由硬件电路可知,P1口中为1位表示此灯亮,为0表示此灯灭),当第9行语句P1与buf[0]进行位或操作就可以控制P1中相应的灯了。

第10行语句判断是否是关灯指令,如果是,通过第11行语句P1与~buf[0]进行位

与操作实现关闭 P1 中相应的灯。

第 12、14 行两条语句共同起的作用是发回确认信息,由前边设计可知,要把主控端发过来的指令数据原样发回主控端表示确认操作成功。

第 13 行调用函数语句起延时作用,目的是发送连续 2 个字节数据中间稍作停留,以便接收单片机在接收前一个数据后有一定时间处理。

任务四　拓展训练

本次项目制作中注重练习的是单片机的串行通信编程,要求能掌握运用串行口控制、状态寄存器的使用,串行口工作方式选择、波特率选择计算等。

1. 训练目的

此项训练重在训练学生编写不同通信波特率程序的理解和编程能力。

2. 训练内容

采用任务一制作的电路,在不改变电路硬件的情况下,通过改写程序实现通信波特率为 9600b/s、通信方式选用方式 1 的通信编程。

知识训练

1. 串行口有几种工作方式？有几种数据帧格式？各种工作方式的波特率如何确定？

2. 为什么定时器/计数器 T1 用做串行口波特率发生器时,采用方式 2？若已知时钟频率、通信波特率,如何计算其初值？

3. 若晶体振荡器为 11.0592MHz,串行口工作于方式 1,波特率为 4800b/s,写出用 T1 作为波特率发生器的方式控制字和计数初值。

4. MCS-51 单片机内与串行口有关的控制寄存器有哪些？

5. 当串行口产生中断请求并获响应时,其中断服务程序应该先查询 RI 标志还是 TI 标志？

6. 单片机双机通信时双方的 TXD 和 RXD 线应该如何连接？运行时应该先启动发送程序还是接收程序？